2年

実力アップ 計算 れんしゅうノート

計算力がぐんぐんのびる！

このふろくは すべての教科書に対応した 全教科書版です。

JN096382

年	組	名前

「計算れんしゅうノート」はとりはずして使用できます。

1 たし算 (1)

とく点

/100点

🐠 ひっ算で しましょう。

1つ6〔90点〕

① 35+24　　② 23+42　　③ 52+16

④ 27+31　　⑤ 44+55　　⑥ 36+12

⑦ 58+40　　⑧ 30+65　　⑨ 32+7

⑩ 8+41　　⑪ 50+30　　⑫ 67+22

⑬ 6+53　　⑭ 50+3　　⑮ 8+40

🐧 れなさんは、25円の あめと 43円の ガムを 買います。
あわせて いくらですか。

1つ5〔10点〕

しき

答え (　　　　　　　)

2 たし算 (2)

とく点

/100点

🐳 ひっ算で しましょう。

1つ6〔90点〕

① 45＋38

② 18＋39

③ 57＋36

④ 37＋59

⑤ 25＋18

⑥ 67＋25

⑦ 7＋39

⑧ 5＋75

⑨ 3＋47

⑩ 9＋66

⑪ 13＋39

⑫ 48＋17

⑬ 63＋27

⑭ 8＋54

⑮ 34＋6

★ 山中小学校の 2年生は、2クラス あります。1組が 24人、2組が 27人です。2年生は、みんなで 何人ですか。

1つ5〔10点〕

しき

答え (　　　　　　　　)

3 たし算 (3)

ひっ算で しましょう。

① 26+48　　② 19+32　　③ 37+14

④ 46+38　　⑤ 37+57　　⑥ 25+39

⑦ 8+65　　⑧ 24+36　　⑨ 48+6

⑩ 8+62　　⑪ 28+19　　⑫ 33+48

⑬ 6+67　　⑭ 36+27　　⑮ 59+39

カードが 37まい あります。友だちから 6まい
もらいました。ぜんぶで 何まいに なりましたか。

しき

答え (　　　　　)

4 ひき算(1)

とく点

時間 20分

/100点

🐳 ひっ算で しましょう。

1つ6〔90点〕

① 65−13　　② 76−24　　③ 59−36

④ 88−42　　⑤ 47−31　　⑥ 38−12

⑦ 67−40　　⑧ 96−86　　⑨ 60−40

⑩ 50−20　　⑪ 78−73　　⑫ 93−90

⑬ 67−4　　⑭ 86−3　　⑮ 45−5

★ ゆうとさんは、カードを 39まい もって います。弟に 15まい あげました。カードは 何まい のこって いますか。

しき

1つ5〔10点〕

答え (　　　　　　　　)

5 ひき算 (2)

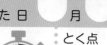

ひっ算で しましょう。

1つ6〔90点〕

① 63−45

② 54−19

③ 75−38

④ 42−29

⑤ 86−28

⑥ 97−59

⑦ 43−17

⑧ 80−47

⑨ 60−36

⑩ 41−36

⑪ 70−68

⑫ 61−8

⑬ 56−9

⑭ 90−3

⑮ 70−4

りほさんは、88ページの 本を 読んで います。今日までに、49ページ 読みました。のこりは 何ページですか。

1つ5〔10点〕

しき

答え (　　　　　　　)

6 ひき算 (3)

🐳 ひっ算で しましょう。

1つ6〔90点〕

① 72−28　　② 55−26　　③ 81−45

④ 94−29　　⑤ 66−18　　⑥ 50−28

⑦ 90−51　　⑧ 43−35　　⑨ 55−49

⑩ 60−59　　⑪ 34−9　　⑫ 52−7

⑬ 40−4　　⑭ 70−8　　⑮ 60−7

★ はがきが 50まい ありました。32まい つかいました。
のこりは 何まいに なりましたか。

1つ5〔10点〕

しき

答え (　　　　　　　　)

7 大きい　数の　計算⑴

🐟 計算を　しましょう。

1つ6〔90点〕

① 50＋80

② 30＋90

③ 70＋80

④ 90＋20

⑤ 60＋60

⑥ 80＋60

⑦ 70＋70

⑧ 120－40

⑨ 110－80

⑩ 140－60

⑪ 160－80

⑫ 130－70

⑬ 180－90

⑭ 150－70

⑮ 170－80

🐧 青い　色紙が　80まい、赤い　色紙が　40まい　あります。
あわせて　何まい　ありますか。

1つ5〔10点〕

しき

答え（　　　　　　）

8 大きい 数の 計算 (2)

時間 20分

とく点 /100点

🐳 計算を しましょう。

1つ6〔90点〕

① 300+500　② 600+300　③ 200+400

④ 600−400　⑤ 800−200　⑥ 700−500

⑦ 400+30　⑧ 500+60　⑨ 900+20

⑩ 700+3　⑪ 260−60　⑫ 420−20

⑬ 630−30　⑭ 403−3　⑮ 706−6

★ 400円の 色えんぴつと、60円の けしゴムを 買います。
あわせて いくらですか。

1つ5〔10点〕

しき

答え (　　　　　　　　)

9 水の かさ

□に あてはまる 数を 書きましょう。　　　　1つ5〔40点〕

① 1L＝□dL

② 1L＝□mL

③ 1dL＝□mL

④ 8L＝□dL

⑤ 300mL＝□dL

⑥ 5dL＝□mL

⑦ 21dL＝□L1dL

⑧ 70dL＝□L

計算を しましょう。　　　　1つ10〔60点〕

⑨ 3L4dL＋2L

⑩ 1L3dL＋5dL

⑪ 2L9dL－6dL

⑫ 6L4dL－6L

⑬ 1L8dL＋5dL

⑭ 2L2dL－7dL

10 計算の くふう

時間 20分

とく点

/100点

🐳 くふうして 計算しましょう。

1つ6〔90点〕

① 7+11+9　　② 8+21+9　　③ 23+15+7

④ 37+16+4　　⑤ 7+48+13　　⑥ 4+49+6

⑦ 26+45+4　　⑧ 15+47+5　　⑨ 21+16+19

⑩ 15+38+15　　⑪ 29+12+28　　⑫ 48+25+5

⑬ 15+36+25　　⑭ 27+48+13　　⑮ 12+27+18

⭐ 赤い リボンが 14本、青い リボンが 28本 あります。
お姉さんから リボンを 16本 もらいました。リボンは
あわせて 何本に なりましたか。

1つ5〔10点〕

しき

答え (　　　　　)

11 3けたの たし算 (1)

🐠 ひっ算で しましょう。　　　　　　　　　　　　　　1つ6〔90点〕

① 74＋63　　　② 36＋92　　　③ 70＋88

④ 56＋61　　　⑤ 87＋64　　　⑥ 48＋95

⑦ 63＋88　　　⑧ 55＋66　　　⑨ 73＋58

⑩ 97＋36　　　⑪ 49＋75　　　⑫ 67＋49

⑬ 86＋48　　　⑭ 58＋66　　　⑮ 35＋87

🐧 玉入れを しました。赤組が 67こ、白組が 72こ 入れました。
あわせて 何こ 入れましたか。　　　　　　　　　1つ5〔10点〕

しき

答え (　　　　　　　　　)

12 3けたの たし算 (2)

とく点

/100点

🐋 ひっ算で しましょう。

1つ6〔90点〕

① 43＋77　　② 92＋98　　③ 87＋33

④ 58＋62　　⑤ 36＋65　　⑥ 56＋48

⑦ 65＋39　　⑧ 47＋58　　⑨ 13＋87

⑩ 16＋84　　⑪ 75＋25　　⑫ 97＋8

⑬ 6＋98　　⑭ 96＋4　　⑮ 2＋98

⭐ りくとさんは、65円の けしゴムと 38円の えんぴつを
買います。あわせて いくらですか。

1つ5〔10点〕

しき

答え (　　　　　　　)

13 3けたの　たし算(3)

時間 20分

とく点 /100点

🐠 ひっ算で　しましょう。　　　　　　　　　　1つ6〔90点〕

① 324＋35　　② 413＋62　　③ 54＋213

④ 530＋47　　⑤ 26＋342　　⑥ 47＋151

⑦ 436＋29　　⑧ 513＋68　　⑨ 79＋304

⑩ 403＋88　　⑪ 103＋37　　⑫ 66＋204

⑬ 683＋9　　⑭ 8＋235　　⑮ 407＋3

🐧 425円の　クッキーと、68円の　チョコレートを　買います。
あわせて　いくらですか。　　　　　　　　　1つ5〔10点〕

しき

答え（　　　　　　　）

14 3けたの ひき算(1)

とく点

時間 20分

/100点

🐋 ひっ算で しましょう。

1つ6〔90点〕

① 146−73　　② 167−84　　③ 163−91

④ 118−38　　⑤ 162−71　　⑥ 136−65

⑦ 107−54　　⑧ 105−32　　⑨ 103−63

⑩ 124−39　　⑪ 156−89　　⑫ 143−68

⑬ 162−73　　⑭ 133−57　　⑮ 151−94

★ そらさんは、144ページの 本を 読んで います。今日までに、68ページ 読みました。のこりは 何ページですか。

1つ5〔10点〕

しき

答え (　　　　　)

15 3けたの　ひき算 (2)

時間 20分

とく点

/100点

🐠 ひっ算で　しましょう。

1つ6〔90点〕

① 123−29　　② 165−68　　③ 173−76

④ 152−57　　⑤ 133−35　　⑥ 140−43

⑦ 103−56　　⑧ 105−79　　⑨ 107−29

⑩ 104−68　　⑪ 103−8　　⑫ 100−7

⑬ 102−6　　⑭ 101−3　　⑮ 107−8

🐧 あおいさんは、シールを　103まい　もって　います。弟に
25まい　あげました。シールは　何まい　のこって　いますか。

しき

1つ5〔10点〕

答え (　　　　　　　)

16 3けたの　ひき算 (3)

🐋 ひっ算で　しましょう。

1つ6〔90点〕

① 358−26

② 437−14

③ 583−32

④ 463−27

⑤ 684−58

⑥ 942−24

⑦ 745−19

⑧ 534−28

⑨ 453−47

⑩ 372−65

⑪ 435−7

⑫ 364−9

⑬ 732−4

⑭ 513−6

⑮ 914−8

★ 画用紙が　215まい　あります。今日　8まい　つかいました。
のこった　画用紙は　何まいですか。

1つ5〔10点〕

しき

答え (　　　　　　)

17 かけ算九九 (1)

 かけ算を しましょう。

1つ6〔90点〕

① 5×4

② 2×8

③ 5×1

④ 5×3

⑤ 5×5

⑥ 2×7

⑦ 2×6

⑧ 2×4

⑨ 5×6

⑩ 2×5

⑪ 5×7

⑫ 2×9

⑬ 5×9

⑭ 2×2

⑮ 5×8

おかしが 5こずつ 入った はこが、2はこ あります。
おかしは ぜんぶで 何こ ありますか。

1つ5〔10点〕

しき

答え (　　　　　　)

18 かけ算九九 (2)

時間 **20** 分

とく点

/100点

🐳 かけ算を　しましょう。

1つ6〔90点〕

① 3×6　　　　② 4×8　　　　③ 3×8

④ 4×2　　　　⑤ 3×9　　　　⑥ 4×4

⑦ 4×7　　　　⑧ 3×7　　　　⑨ 3×5

⑩ 3×1　　　　⑪ 4×6　　　　⑫ 4×3

⑬ 4×5　　　　⑭ 3×3　　　　⑮ 4×9

★ 長いすが　4つ　あります。1つの　長いすに　3人ずつ
すわります。みんなで　何人　すわれますか。

1つ5〔10点〕

しき

答え(　　　　　　　　)

19 かけ算九九 (3)

🐠 かけ算を　しましょう。

1つ6〔90点〕

① 6×5　　　② 6×1　　　③ 6×4

④ 7×9　　　⑤ 6×8　　　⑥ 7×3

⑦ 7×5　　　⑧ 7×2　　　⑨ 6×7

⑩ 6×6　　　⑪ 7×8　　　⑫ 6×9

⑬ 7×4　　　⑭ 6×3　　　⑮ 7×7

🐧 カードを　1人に　7まいずつ、6人に　くばります。カードは
何まい　いりますか。

1つ5〔10点〕

しき

答え (　　　　　　　　)

20 かけ算九九 (4)

時間 **20** 分

とく点

/100点

かけ算を しましょう。

1つ6〔90点〕

① 8×7　　② 9×5　　③ 8×2

④ 9×3　　⑤ 9×4　　⑥ 1×6

⑦ 1×7　　⑧ 8×8　　⑨ 9×9

⑩ 8×4　　⑪ 9×6　　⑫ 8×9

⑬ 8×6　　⑭ 1×9　　⑮ 9×7

★ えんぴつを 1人に 9本ずつ、8人に くばります。
えんぴつは 何本 いりますか。

1つ5〔10点〕

しき

答え (　　　　　　　)

21 かけ算九九 (5)

🐠 かけ算を しましょう。　　　　　　　　　　　1つ6〔90点〕

① 3×8　　　　② 8×5　　　　③ 1×5

④ 6×6　　　　⑤ 4×9　　　　⑥ 2×6

⑦ 7×4　　　　⑧ 5×2　　　　⑨ 8×9

⑩ 5×8　　　　⑪ 9×6　　　　⑫ 3×6

⑬ 7×3　　　　⑭ 4×3　　　　⑮ 8×7

🐧 1はこ 6こ入りの チョコレートが 7はこ あります。
チョコレートは 何こ ありますか。　　　　　　1つ5〔10点〕

しき

答え (　　　　　　　　)

22 かけ算九九 (6)

🐳 かけ算を しましょう。

1つ6〔90点〕

① 6×3　　② 4×6　　③ 8×6

④ 3×7　　⑤ 7×7　　⑥ 5×3

⑦ 1×6　　⑧ 9×5　　⑨ 6×9

⑩ 8×8　　⑪ 4×7　　⑫ 2×7

⑬ 7×1　　⑭ 5×6　　⑮ 9×3

⭐ お楽しみ会で、1人に おかしを 2こと、ジュースを 1本 くばります。8人分では、おかしと ジュースは、それぞれ いくつ いりますか。

1つ5〔10点〕

しき

答え〔おかし…　　　、ジュース…　　　　〕

23 かけ算九九 (7)

かけ算を　しましょう。　　　　　　　　　　　　1つ6〔90点〕

① 4×4　　　② 7×5　　　③ 2×3

④ 9×4　　　⑤ 7×9　　　⑥ 5×5

⑦ 3×4　　　⑧ 8×3　　　⑨ 6×2

⑩ 4×8　　　⑪ 9×7　　　⑫ 1×4

⑬ 5×7　　　⑭ 3×9　　　⑮ 6×8

　1週間は　7日です。6週間は　何日ですか。　　1つ5〔10点〕

しき

答え（　　　　　　　）

24 1000より 大きい 数

🐋 □に あてはまる 数を 書きましょう。　1つ10〔60点〕

① 1000を 6こ、100を 2こ、1を 9こ あわせた 数は、

　　　　　　　　　です。

② 7035は、1000を □ こ、10を □ こ、1を □ こ

あわせた 数です。 （ぜんぶ できて 10点）

③ 千のくらいが 4、百のくらいが 7、十のくらいが 2、

一のくらいが 8の 数は、　　　　　　　　　です。

④ 100を 39こ あつめた 数は、　　　　　　　　　です。

⑤ 8000は、100を □ こ あつめた 数です。

⑥ 1000を 10こ あつめた 数は、　　　　　　　　　です。

⭐ □に あてはまる ＞、＜を 書きましょう。　1つ10〔40点〕

⑦ 7000 □ 6990　　　⑧ 4078 □ 4089

⑨ 9609 □ 9613　　　⑩ 7359 □ 7357

25 大きい　数の　計算(3)

とく点

/100点

🐠 計算を　しましょう。

1つ6〔90点〕

① 700＋500

② 800＋600

③ 400＋800

④ 900＋400

⑤ 500＋600

⑥ 800＋800

⑦ 700＋600

⑧ 200＋900

⑨ 900＋300

⑩ 1000－500

⑪ 1000－800

⑫ 1000－400

⑬ 1000－300

⑭ 1000－600

⑮ 1000－900

🐧 700円の　絵のぐを　買います。1000円さつで　はらうと、
おつりは　いくらですか。

1つ5〔10点〕

しき

答え（　　　　　　）

26

26 長さ

🐋 □に あてはまる 数を 書きましょう。　1つ5〔50点〕

① 2cm = ☐ mm

② 4m = ☐ cm

③ 80mm = ☐ cm

④ 200cm = ☐ m

⑤ 32mm = ☐ cm ☐ mm

⑥ 260cm = ☐ m ☐ cm

⑦ 402cm = ☐ m ☐ cm

⑧ 1m50cm = ☐ cm

⑨ 3m42cm = ☐ cm

⑩ 8cm5mm = ☐ mm

⭐ 計算を しましょう。　1つ10〔50点〕

⑪ 5cm6mm+7cm

⑫ 2m50cm+4m

⑬ 8cm2mm+7mm

⑭ 6cm8mm−5cm

⑮ 7m21cm−17cm

27 2年の まとめ (1)

時間 20分

とく点

/100点

🐠 計算を しましょう。

1つ6〔54点〕

① 24＋14　　② 38＋58　　③ 75＋46

④ 27＋83　　⑤ 400＋80　　⑥ 87－50

⑦ 66－28　　⑧ 104－79　　⑨ 235－23

🐧 かけ算を しましょう。

1つ6〔36点〕

⑩ 5×3　　⑪ 7×8　　⑫ 1×9

⑬ 3×4　　⑭ 6×5　　⑮ 8×4

🐋 リボンが 52本 ありました。かざりを 作るのに 何本か つかったので、のこりが 35本に なりました。リボンを 何本 つかいましたか。

1つ5〔10点〕

しき

答え（　　　　　）

28 2年の　まとめ(2)

★ <ruby>計算<rt>けいさん</rt></ruby>を　しましょう。　　　　　　　　　　　　　　　　1つ6〔54点〕

① 19＋39　　　② 26＋34　　　③ 37＋86

④ 98＋8　　　⑤ 72−25　　　⑥ 60−33

⑦ 106−9　　　⑧ 256−53　　　⑨ 1000−200

 かけ<ruby>算<rt>ざん</rt></ruby>を　しましょう。　　　　　　　　　　　　　　1つ6〔36点〕

⑩ 7×5　　　⑪ 4×8　　　⑫ 3×7

⑬ 9×6　　　⑭ 2×9　　　⑮ 6×8

🐧 1はこ　4こ入りの　ケーキが　6はこ　あります。ケーキを
5こ　たべると、のこりは　<ruby>何<rt>なん</rt></ruby>こですか。　　　　　1つ5〔10点〕

しき

答え（　　　　　　　）

答え

1
① 59　② 65　③ 68
④ 58　⑤ 99　⑥ 48
⑦ 98　⑧ 95　⑨ 39
⑩ 49　⑪ 80　⑫ 89
⑬ 59　⑭ 53　⑮ 48
しき 25＋43＝68　　　答え 68円

2
① 83　② 57　③ 93
④ 96　⑤ 43　⑥ 92
⑦ 46　⑧ 80　⑨ 50
⑩ 75　⑪ 52　⑫ 65
⑬ 90　⑭ 62　⑮ 40
しき 24＋27＝51　　　答え 51人

3
① 74　② 51　③ 51
④ 84　⑤ 94　⑥ 64
⑦ 73　⑧ 60　⑨ 54
⑩ 70　⑪ 47　⑫ 81
⑬ 73　⑭ 63　⑮ 98
しき 37＋6＝43　　　答え 43まい

4
① 52　② 52　③ 23
④ 46　⑤ 16　⑥ 26
⑦ 27　⑧ 10　⑨ 20
⑩ 30　⑪ 5　⑫ 3
⑬ 63　⑭ 83　⑮ 40
しき 39－15＝24　　　答え 24まい

5
① 18　② 35　③ 37
④ 13　⑤ 58　⑥ 38
⑦ 26　⑧ 33　⑨ 24
⑩ 5　⑪ 2　⑫ 53
⑬ 47　⑭ 87　⑮ 66
しき 88－49＝39　　　答え 39ページ

6
① 44　② 29　③ 36
④ 65　⑤ 48　⑥ 22
⑦ 39　⑧ 8　⑨ 6
⑩ 1　⑪ 25　⑫ 45
⑬ 36　⑭ 62　⑮ 53
しき 50－32＝18　　　答え 18まい

7
① 130　② 120　③ 150
④ 110　⑤ 120　⑥ 140
⑦ 140　⑧ 80　⑨ 30
⑩ 80　⑪ 80　⑫ 60
⑬ 90　⑭ 80　⑮ 90
しき 80＋40＝120　　　答え 120まい

8
① 800　② 900　③ 600
④ 200　⑤ 600　⑥ 200
⑦ 430　⑧ 560　⑨ 920
⑩ 703　⑪ 200　⑫ 400
⑬ 600　⑭ 400　⑮ 700
しき 400＋60＝460　　　答え 460円

9
① 1L＝$\boxed{10}$dL　② 1L＝$\boxed{1000}$mL
③ 1dL＝$\boxed{100}$mL　④ 8L＝$\boxed{80}$dL
⑤ 300mL＝$\boxed{3}$dL　⑥ 5dL＝$\boxed{500}$mL
⑦ 21dL＝$\boxed{2}$L1dL　⑧ 70dL＝$\boxed{7}$L
⑨ 5L4dL　⑩ 1L8dL
⑪ 2L3dL　⑫ 4dL
⑬ 2L3dL　⑭ 1L5dL

10
① 27　② 38　③ 45
④ 57　⑤ 68　⑥ 59
⑦ 75　⑧ 67　⑨ 56
⑩ 68　⑪ 69　⑫ 78
⑬ 76　⑭ 88　⑮ 57
しき 14＋28＋16＝58　　　答え 58本

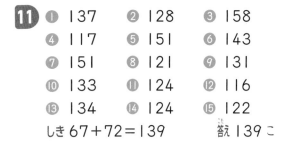

11
① 137　② 128　③ 158
④ 117　⑤ 151　⑥ 143
⑦ 151　⑧ 121　⑨ 131
⑩ 133　⑪ 124　⑫ 116
⑬ 134　⑭ 124　⑮ 122
しき 67＋72＝139　　答え 139 こ

16
① 332　② 423　③ 551
④ 436　⑤ 626　⑥ 918
⑦ 726　⑧ 506　⑨ 406
⑩ 307　⑪ 428　⑫ 355
⑬ 728　⑭ 507　⑮ 906
しき 215－8＝207　　答え 207 まい

12
① 120　② 190　③ 120
④ 120　⑤ 101　⑥ 104
⑦ 104　⑧ 105　⑨ 100
⑩ 100　⑪ 100　⑫ 105
⑬ 104　⑭ 100　⑮ 100
しき 65＋38＝103　　答え 103 円

17
① 20　② 16　③ 5
④ 15　⑤ 25　⑥ 14
⑦ 12　⑧ 8　⑨ 30
⑩ 10　⑪ 35　⑫ 18
⑬ 45　⑭ 4　⑮ 40
しき 5×2＝10　　答え 10 こ

13
① 359　② 475　③ 267
④ 577　⑤ 368　⑥ 198
⑦ 465　⑧ 581　⑨ 383
⑩ 491　⑪ 140　⑫ 270
⑬ 692　⑭ 243　⑮ 410
しき 425＋68＝493　　答え 493 円

18
① 18　② 32　③ 24
④ 8　⑤ 27　⑥ 16
⑦ 28　⑧ 21　⑨ 15
⑩ 3　⑪ 24　⑫ 12
⑬ 20　⑭ 9　⑮ 36
しき 3×4＝12　　答え 12 人

14
① 73　② 83　③ 72
④ 80　⑤ 91　⑥ 71
⑦ 53　⑧ 73　⑨ 40
⑩ 85　⑪ 67　⑫ 75
⑬ 89　⑭ 76　⑮ 57
しき 144－68＝76　　答え 76 ページ

19
① 30　② 6　③ 24
④ 63　⑤ 48　⑥ 21
⑦ 35　⑧ 14　⑨ 42
⑩ 36　⑪ 56　⑫ 54
⑬ 28　⑭ 18　⑮ 49
しき 7×6＝42　　答え 42 まい

15
① 94　② 97　③ 97
④ 95　⑤ 98　⑥ 97
⑦ 47　⑧ 26　⑨ 78
⑩ 36　⑪ 95　⑫ 93
⑬ 96　⑭ 98　⑮ 99
しき 103－25＝78　　答え 78 まい

20
① 56　② 45　③ 16
④ 27　⑤ 36　⑥ 6
⑦ 7　⑧ 64　⑨ 81
⑩ 32　⑪ 54　⑫ 72
⑬ 48　⑭ 9　⑮ 63
しき 9×8＝72　　答え 72 本

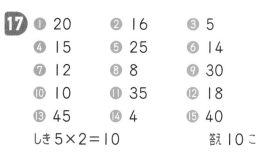

21 ❶ 24 ❷ 40 ❸ 5
❹ 36 ❺ 36 ❻ 12
❼ 28 ❽ 10 ❾ 72
❿ 40 ⓫ 54 ⓬ 18
⓭ 21 ⓮ 12 ⓯ 56
しき 6×7＝42 答え 42こ

22 ❶ 18 ❷ 24 ❸ 48
❹ 21 ❺ 49 ❻ 15
❼ 6 ❽ 45 ❾ 54
❿ 64 ⓫ 28 ⓬ 14
⓭ 7 ⓮ 30 ⓯ 27
しき 2×8＝16 1×8＝8
答え おかし…16こ、ジュース…8本

23 ❶ 16 ❷ 35 ❸ 6
❹ 36 ❺ 63 ❻ 25
❼ 12 ❽ 24 ❾ 12
❿ 32 ⓫ 63 ⓬ 4
⓭ 35 ⓮ 27 ⓯ 48
しき 7×6＝42 答え 42日

24 ❶ 1000を 6こ、100を 2こ、1を
9こ あわせた 数は、6209です。
❷ 7035は、1000を 7こ、10を
3こ、1を 5こ あわせた 数です。
❸ 千のくらいが 4、百のくらいが 7、
十のくらいが 2、一のくらいが
8の 数は、4728です。
❹ 100を 39こ あつめた 数は、
3900です。
❺ 8000は、100を 80こ
あつめた 数です。
❻ 1000を 10こ あつめた 数は、
10000です。
❼ 7000＞6990
❽ 4078＜4089
❾ 9609＜9613
❿ 7359＞7357

25 ❶ 1200 ❷ 1400 ❸ 1200
❹ 1300 ❺ 1100 ❻ 1600
❼ 1300 ❽ 1100 ❾ 1200
❿ 500 ⓫ 200 ⓬ 600
⓭ 700 ⓮ 400 ⓯ 100
しき 1000－700＝300 答え 300円

26 ❶ 2cm＝20mm ❷ 4m＝400cm
❸ 80mm＝8cm ❹ 200cm＝2m
❺ 32mm＝3cm2mm
❻ 260cm＝2m60cm
❼ 402cm＝4m2cm
❽ 1m50cm＝150cm
❾ 3m42cm＝342cm
❿ 8cm5mm＝85mm
⓫ 12cm6mm ⓬ 6m50cm
⓭ 8cm9mm ⓮ 1cm8mm
⓯ 7m4cm

27 ❶ 38 ❷ 96 ❸ 121
❹ 110 ❺ 480 ❻ 37
❼ 38 ❽ 25 ❾ 212
❿ 15 ⓫ 56 ⓬ 9
⓭ 12 ⓮ 30 ⓯ 32
しき 52－35＝17 答え 17本

28 ❶ 58 ❷ 60 ❸ 123
❹ 106 ❺ 47 ❻ 27
❼ 97 ❽ 203 ❾ 800
❿ 35 ⓫ 32 ⓬ 21
⓭ 54 ⓮ 18 ⓯ 48
しき 4×6＝24 24－5＝19
答え 19こ

「小学教科書ワーク・
数と計算」で、
さらに れんしゅうしよう!

わくわく シール

★1日の学習がおわったら、チャレンジシールをはろう。
★実力はんていテストがおわったら、まんてんシールをはろう。

チャレンジ シール

時計の 読み方

長い はりは **何分** です。

みじかい はりは **何時** です。

めもりは 1めもりで **1分** です。

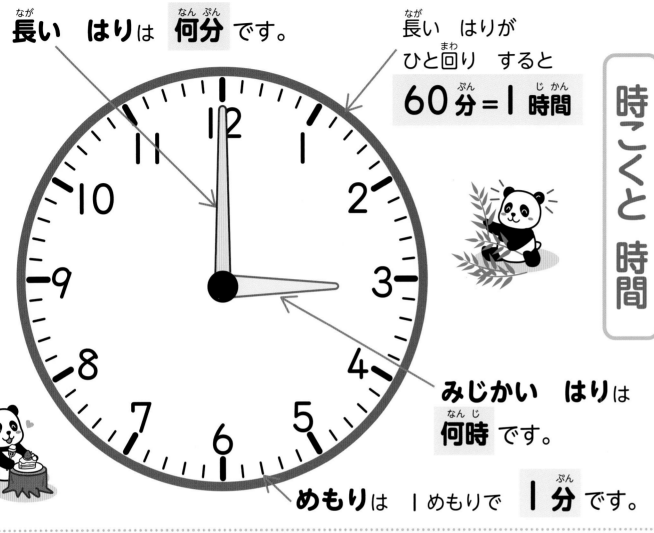

時こくと 時間

長い はりが ひと回り すると

60分＝1時間

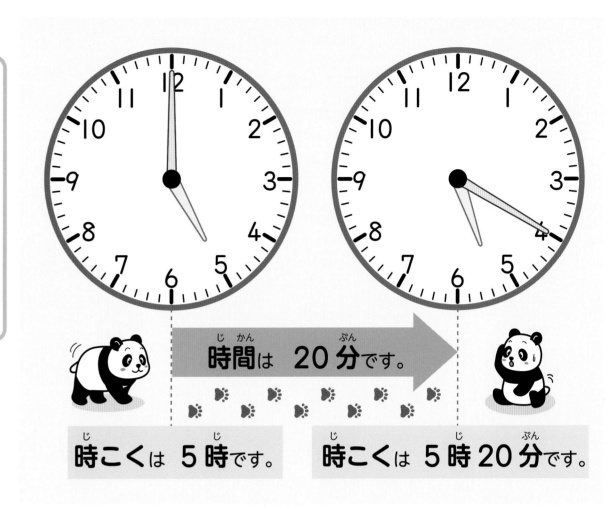

時間は 20分です。

時こくは 5時です。　　時こくは 5時20分です。

午前と 午後

| | | | | 午前 | 正午 | | | 午後 | | |

6時	8時	10時	12時0時	（14時）2時	（16時）4時	（18時）6時	（20時）8時	（21時）9時

おきる	家を 出る	じゅぎょう	昼食	あそぶ	手つだい	夕食	おふろ	ねる

かけ算九九

1のだん 	2のだん	3のだん	4のだん 	5のだん	6のだん 	7のだん	8のだん 	9のだん 
1×1=1 （一一が 1）	2×1=2 （二一が 2）	3×1=3 （三一が 3）	4×1=4 （四一が 4）	5×1=5 （五一が 5）	6×1=6 （六一が 6）	7×1=7 （七一が 7）	8×1=8 （八一が 8）	9×1=9 （九一が 9）
1×2=2 （一二が 2）	2×2=4 （二二が 4）	3×2=6 （三二が 6）	4×2=8 （四二が 8）	5×2=10 （五二 10）	6×2=12 （六二 12）	7×2=14 （七二 14）	8×2=16 （八二 16）	9×2=18 （九二 18）
1×3=3 （一三が 3）	2×3=6 （二三が 6）	3×3=9 （三三が 9）	4×3=12 （四三 12）	5×3=15 （五三 15）	6×3=18 （六三 18）	7×3=21 （七三 21）	8×3=24 （八三 24）	9×3=27 （九三 27）
1×4=4 （一四が 4）	2×4=8 （二四が 8）	3×4=12 （三四 12）	4×4=16 （四四 16）	5×4=20 （五四 20）	6×4=24 （六四 24）	7×4=28 （七四 28）	8×4=32 （八四 32）	9×4=36 （九四 36）
1×5=5 （一五が 5）	2×5=10 （二五 10）	3×5=15 （三五 15）	4×5=20 （四五 20）	5×5=25 （五五 25）	6×5=30 （六五 30）	7×5=35 （七五 35）	8×5=40 （八五 40）	9×5=45 （九五 45）
1×6=6 （一六が 6）	2×6=12 （二六 12）	3×6=18 （三六 18）	4×6=24 （四六 24）	5×6=30 （五六 30）	6×6=36 （六六 36）	7×6=42 （七六 42）	8×6=48 （八六 48）	9×6=54 （九六 54）
1×7=7 （一七が 7）	2×7=14 （二七 14）	3×7=21 （三七 21）	4×7=28 （四七 28）	5×7=35 （五七 35）	6×7=42 （六七 42）	7×7=49 （七七 49）	8×7=56 （八七 56）	9×7=63 （九七 63）
1×8=8 （一八が 8）	2×8=16 （二八 16）	3×8=24 （三八 24）	4×8=32 （四八 32）	5×8=40 （五八 40）	6×8=48 （六八 48）	7×8=56 （七八 56）	8×8=64 （八八 64）	9×8=72 （九八 72）
1×9=9 （一九が 9）	2×9=18 （二九 18）	3×9=27 （三九 27）	4×9=36 （四九 36）	5×9=45 （五九 45）	6×9=54 （六九 54）	7×9=63 （七九 63）	8×9=72 （八九 72）	9×9=81 （九九 81）

教科書ワーク **もくじ**

大日本図書版 **算数2**年

			教科書ページ	この本のページ

＊がついている動画は、一部他の単元の内容を含みます。

もくひょう
ひょうや グラフに
かいて、見やすく
せいりしよう。

おわったら
シールを
はろう

① せいりの しかた

きほんのワーク

教科書 16〜21ページ　答え 1 ページ

きほん 1 ひょうや グラフに あらわせますか。

☆ 野さいの しゅるいと 数を せいりしましょう。

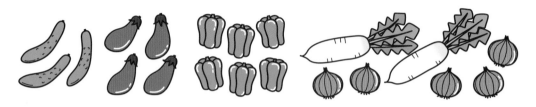

❶ 野さいの しゅるいと
数を 右の ひょうに
あらわしましょう。

野さいの しゅるいと 数

野さい	キュウリ	ナ ス	ピーマン	だいこん	たまねぎ
数 (こ)	3				

❷ 野さいの 数を ○を つかって
右の グラフに あらわしましょう。

野さいの しゅるいと 数

グラフに
せいりすると、
数の ちがいが
くらべやすいね。

○は
下から
かくよ。

キュウリ	ナ ス	ピーマン	だいこん	たまねぎ

❶ きほん 1 の ひょうと グラフを 見て 答えましょう。　📖教科書 16〜21ページ

❶ 数が 一番 多い 野さいは 何ですか。　　　　　　（　　　　　）

❷ 数が 一番 少ない 野さいは 何ですか。　　　　　（　　　　　）

❸ 数が 5この 野さいは 何ですか。　　　　　　　　（　　　　　）

おうちのかたへ　絵を見て表やグラフにまとめることを学習します。
グラフに表すことで、多い、少ないが一目でわかります。

まとめのテスト

教科書 16〜22ページ　　答え 1 ページ

1 よく出る すきな あそびと 人数を せいりしましょう。　　1つ25〔50点〕

 ボールけり　 ボールなげ　 ブランコ　 かくれんぼ　 なわとび　 てつぼう

❶ 人数を 下の ひょうに あらわしましょう。

すきな あそびと 人数

すきな あそび	ボールけり	ボールなげ	ブランコ	かくれんぼ	なわとび	てつぼう
人数（人）	5					

❷ 人数を ○を つかって 右の グラフに あらわしましょう。

すきな あそびと 人数

ボールけり	ボールなげ	ブランコ	かくれんぼ	なわとび	てつぼう

2 1の ひょうと グラフを 見て 答えましょう。　　（ ）1つ10〔50点〕

❶ 人数が 一番 多い あそびは 何ですか。　（　　　　　）

❷ なわとびが すきな 人は 何人ですか。　（　　　　　）

❸ ボールなげが すきな 人と なわとびが すきな 人では、どちらが 何人 多いですか。　（　　　　　が　　　　　人 多い。）

❹ （　）の あてはまる ほうに ○を つけましょう。

・人数の 多い 少ないが わかりやすいのは （ひょう・グラフ）です。

・人数が わかりやすいのは （ひょう・グラフ）です。

チェック✔
□グラフを かいて、多い 少ないを しらべる ことが できたかな？
□ひょうに あらわす ことが できたかな？

① 2けたの たし算 [その1]

もくひょう・
くり上がりの ない
たし算の ひっ算の
しかたを 考えよう。

おわったら
シールを
はろう

きほんのワーク

教科書 23〜32ページ   答え 1ページ

きほん 1 くり上がりの ない 2けたの たし算の ひっ算が わかりますか。

⭐ 32＋24の 計算を しましょう。

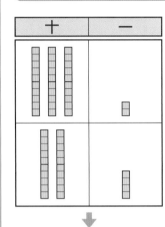

一のくらいどうしを たすと □ ＋ □ ＝ □

十のくらいどうしを たすと 3 ＋ □ ＝ □

十のくらいどうしを たした 5は、

10が 5こで □ を あらわすから、

32＋24の 答えは、□ と □ を

合わせて 56。

10の まとまりどうし、
ばらどうしで
考えれば いいね。

⭐ 32＋24の ひっ算の しかたを 考えましょう。

なぞりましょう。

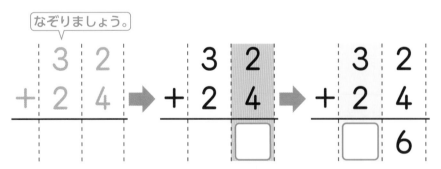

① くらいを たてに   ② 一のくらいの 計算   ③ 十のくらいの 計算
   そろえて 書く。

2＋4＝□   3＋2＝□

32＋24＝□

くらいごとに
計算を すれば
いいね。

さんすうはかせ ひっ算は 「筆算」と 書くよ。そろばんで 計算するのが あたりまえの 時だいに
生まれた 計算の やりかただったんだって。

① □ と ◯ に あてはまる 数を 書きましょう。　　　教科書 25ページ 2

❶ 23 ＋ 14 ＝ ☐
◯ 3 10 ◯

❷ 41 ＋ 35 ＝ ☐
40 ◯ ◯ 5

② ひっ算で 計算を しましょう。　　　教科書 30ページ 3

❶ 36＋23

```
  3 6
+ 2 3
```

❷ 45＋22

❸ 12＋36

❹ 42＋13

③ ひっ算で 計算を しましょう。　　　教科書 31ページ 4

❶ 30＋56

❷ 40＋55

❸ 38＋40

❹ 20＋70

④ ひっ算で 計算を しましょう。　　　教科書 32ページ 5

❶ 7＋52

❷ 71＋8

❸ 4＋30

❹ 80＋6

⑤ みきさんは いちごを 25こ、こうたさんは 34こ つみました。2人 合わせて 何こ つみましたか。

教科書 25ページ 2

[しき]

[ひっ算]

答え （　　　　　）

おうちのかたへ　2けたのたし算の筆算のしかたを学習します。筆算は、位を縦にそろえて計算できるので、位ごとの計算がやりやすい、ということを確認しましょう。

① 2けたの たし算 [その2]

きほんのワーク

もくひょう
くり上がりの ある たし算の ひっ算の しかたを 考えよう。

おわったら シールを はろう

教科書 33〜35ページ　答え 2ページ

きほん **1** くり上がりの ある 2けたの たし算が わかりますか。

☆ 37＋25の ひっ算の しかたを 考えましょう。

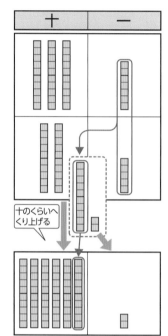

なぞりましょう。

```
  3 7        3 7        3 7
+ 2 5  ➡  + 2 5  ➡  + 2 5
             □          □ 2
```

① くらいを たてに そろえて 書く。

② 一のくらいの 計算
$7+5=\boxed{}$

③ 十のくらいの 計算
$1+3+2=\boxed{}$

くり上げた 1

十のくらいへ くり上げる

$37+25=\boxed{}$

1 ひっ算で 計算を しましょう。 　　📖教科書 35ページ **7**

❶ 36＋18　　❷ 16＋19　　❸ 24＋59　　❹ 15＋49

❺ 47＋38　　❻ 29＋58　　❼ 35＋57　　❽ 38＋48

さんすうはかせ　くり上がりが ある 計算では くり上げた 1を 小さく 書いて おくと まちがいが ふせげるよ。ひっ算で 考えの メモを 書くのは いい ことなんだ。

☆ 36＋8の　ひっ算の　しかたを　考えましょう。

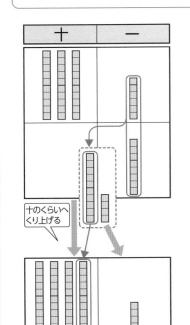

十のくらいへ
くり上げる

なぞりましょう。

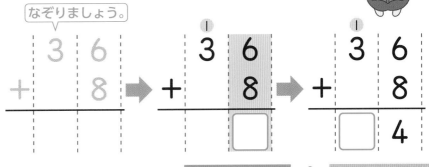

① くらいを　たてに
　そろえて　書く。

② 一のくらいの　計算

$6+8=\boxed{}$

③ 十のくらいの　計算

$1+3=\boxed{}$

くり上げた　1

$36+8=\boxed{}$

---

2 ひっ算で　計算を　しましょう。　　　教科書 35ページ **8**

 26＋34　　 51＋19　　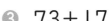 73＋17　　 38＋22

3 ひっ算で　計算を　しましょう。　　　教科書 35ページ **8**

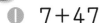 7＋47　　 5＋39　　③ 63＋8　　④ 76＋9

　　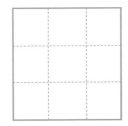　　

4 ひっ算で　計算を　しましょう。　　　教科書 35ページ **8**

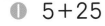 5＋25　　② 2＋88　　③ 54＋6　　④ 77＋3

　　　　　　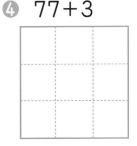

おうちのかたへ　十の位にくり上がる計算のしかたを学習します。（2けた）＋（1けた）、（1けた）＋（2けた）のように、十の位に空位がある計算にとまどう場合が多いので、注意しましょう。

7

② たし算の きまり

きほんのワーク

もくひょう
たし算の きまりを 知ろう。

おわったら シールを はろう

教科書　36〜37ページ　答え　2ページ

きほん **1**　たし算の きまりが わかりますか。

☆ 計算を して 答えを もとめましょう。

たされる数	……	6 2		2 7
たす数	……	+ 2 7		+ 6 2
答え	……	☐☐		☐☐

たされる数と たす数を 入れかえて 計算しても、答えは 同じに なるね。
62+27＝27+62

同じ

1 計算を しましょう。また、たされる数と たす数を 入れかえて 計算しましょう。

📖 教科書 37ページ 1

❶　　3 8
　　＋　 5

入れかえて 計算しよう。

❷　　 1 8
　　＋5 7

入れかえて 計算しよう。

2 答えが 同じに なる しきを 計算しないで 見つけて、線で むすびましょう。

📖 教科書 37ページ 2

37＋21	・	・	42＋8
8＋42	・	・	12＋73
53＋16	・	・	21＋37
26＋34	・	・	34＋26
73＋12	・	・	16＋53

答えが 同じに なるか、計算を して たしかめよう。

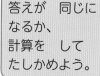

おうちのかたへ　たされる数とたす数を入れかえて計算しても、答えが同じになること（加法の交換法則）を学習します。加法の交換法則を計算の確かめに活用するように指導します。

まとめのテスト

教科書 | 23〜38ページ　　答え | 2 ページ

1 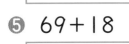 ひっ算で 計算を しましょう。　　　　1つ5〔40点〕

① 36＋21　② 48＋20　③ 30＋15　④ 3＋40

⑤ 69＋18　⑥ 45＋25　⑦ 9＋38　⑧ 74＋6

2 答えが 同じに なる しきを 計算しないで 見つけて、線で むすびましょう。　　　　1つ5〔15点〕

45＋13　　　　63＋27　　　　32＋56

56＋32　　32＋27　　27＋63　　13＋45

3 ゆうきさんは 47円の けしゴムと 35円の えんぴつを 買います。合わせて 何円ですか。　　　　1つ5〔15点〕

ひっ算

しき

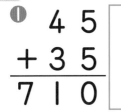

答え（　　　　　　　）

4 計算の まちがいを 見つけて、正しく 計算しましょう。　　　　1つ10〔30点〕

①
```
   4 5
 + 3 5
 ─────
 7 1 0
```

②
```
   3 8
 + 2 3
 ─────
   5 1
```

③
```
   5 9
 + 4
 ─────
   9 9
```

ふろくの 「計算れんしゅうノート」2〜4ページを やろう！

□ くり上がる たし算の ひっ算が できるかな？
□ もんだいから、たし算の しきを つくって、答えが だせるかな？

9

① 2けたの ひき算 [その1]

きほんのワーク

もくひょう・
くり下がりの ない
ひき算の ひっ算の
しかたを 考えよう。

おわったら
シールを
はろう

教科書 39〜44ページ 答え 2ページ

きほん① くり下がりの ない 2けたの ひき算の ひっ算が わかりますか。

☆ 45−13の 計算を しましょう。

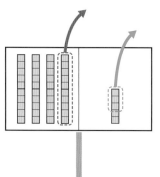
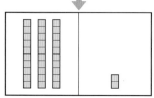

十	一

一のくらいどうしを ひくと □ − □ = □

十のくらいどうしを ひくと　4 − □ = □

十のくらいどうしを ひいた 3は、

10が 3こで □ を あらわすから、

45−13の 答えは、□ と □ を
合わせて 32。

10の まとまりどうし、
ばらどうしで
考えれば いいね。

☆ 45−13の ひっ算の しかたを 考えましょう。

なぞりましょう。

```
   4 5        4 5        4 5
 − 1 3   ➡  − 1 3   ➡  − 1 3
 ───────    ───────    ───────
              □          □ 2
```

① くらいを たてに
　そろえて 書く。

② 一のくらいの 計算

5−3 = □

③ 十のくらいの 計算

4−1 = □

45−13 = □

ひき算の ひっ算も
同じ くらいどうしで
計算すれば いいね。

さんすうはかせ ひっ算では 「くらい」を そろえて 書く ことが 大切だよ。ひき算も たし算と
同じように、一のくらいから じゅんばんに 計算を すすめて いくよ。

1 □と ○に あてはまる 数を 書きましょう。

教科書 41ページ 2

① 67 － 25 = □

60 ○ ○ 5

② 58 － 12 = □

○ 8 10 ○

2 ひっ算で 計算を しましょう。

教科書 43ページ 3

① 38－26

```
  3 8
－ 2 6
```

② 59－16

③ 53－20

④ 60－40

3 ひっ算で 計算を しましょう。

教科書 44ページ 4

① 93－23

② 64－44

③ 39－33

④ 67－64

4 ひっ算で 計算を しましょう。

教科書 44ページ 5

① 78－6

② 47－4

③ 87－7

④ 55－5

5 クッキーが 48まい あります。13まい 食べると のこりは 何まいに なりますか。

教科書 41ページ 2

しき

ひっ算

答え (   )

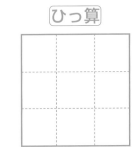

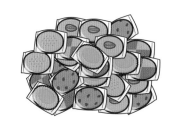

おうちのかたへ　2けたのひき算の筆算のしかたを学習します。筆算は、位をそろえて書くことから
スタートします。（2けた）－（1けた）の計算の、位取りに注意しましょう。

① 2けたの ひき算 [その2]

きほんのワーク

教科書 45〜49ページ 答え 3ページ

きほん 1 くり下がりの ある 2けたの ひき算が わかりますか。

☆ 35−18の ひっ算の しかたを 考えましょう。

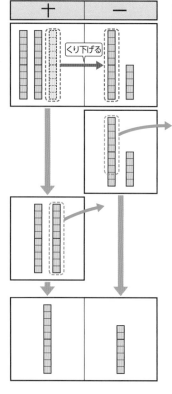

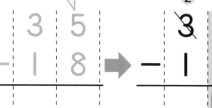
15から 8なら ひけるので、十のくらいから 1 くり下げる。

くり下がりが あるよ。

① くらいを たてに そろえて 書く。

② 一のくらいの 計算

③ 十のくらいの 計算
1 くり下げたので

$15-8=\boxed{}$ $2-1=\boxed{}$

$35-18=\boxed{}$

くり下がりを 小さく 書いて おくと いいね。

1 ひっ算で 計算を しましょう。

教科書 47ページ 7
48ページ 8

❶ 63−35
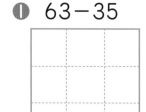

❷ 74−19
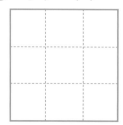

❸ 95−57

❹ 62−28

❺ 80−59

❻ 70−46

❼ 50−23

❽ 90−47

さんすうはかせ 「−」の 記ごうは、「ない」や 「ひく」を いみする マイナスの 頭文字 「m」が へんかして できたと いわれて いるよ。

きほん2 （2けた）−（1けた）の ひき算が わかりますか。

☆ 35−8の ひっ算の しかたを 考えましょう。

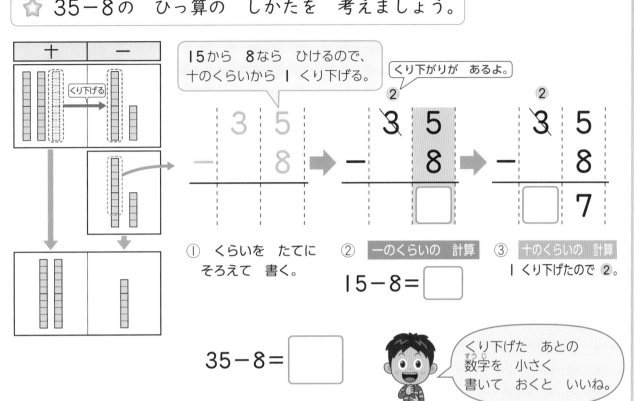

15から 8なら ひけるので、十のくらいから 1 くり下げる。

くり下がりが あるよ。

① くらいを たてに そろえて 書く。

② 一のくらいの 計算

15−8=□

③ 十のくらいの 計算
1 くり下げたので 2。

35−8=□

くり下げた あとの 数字を 小さく 書いて おくと いいね。

---

2 ひっ算で 計算を しましょう。　📖 教科書 49ページ 9

❶ 34−28

❷ 65−56

❸ 50−44

❹ 80−71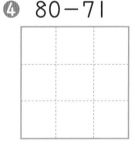

❺ 60−5

❻ 70−8

❼ 52−5

❽ 43−4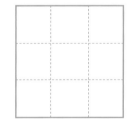

---

3 りなさんは 50円 もって います。32円の けしゴムを 買うと、何円 のこりますか。　📖 教科書 47ページ 6

しき

答え（　　　　　　　　）

ひっ算

おうちのかたへ　くり下がりのある2けたのひき算を学習します。くり下がりを忘れる間違いが多く見られますので、くり下げた後の数字を、元の数字の上に小さくメモする習慣を身につけましょう。

② 計算の たしかめ

もくひょう
たし算と ひき算の
かんけいを 知ろう。

おわったら
シールを
はろう

きほんのワーク

教科書 50～51ページ | 答え 3ページ

きほん 1 たし算と ひき算の かんけいが わかりますか。

☆ 計算を して 答えを たしかめましょう。

ひき算の 答えは
たし算で
たしかめられるね。

ひかれる数 ……	**5 2**	**3 5**
ひく数 ……	**－ 1 7**	**＋ 1 7**
答え ……	③ 5	5 2

ひき算の 答えに ☐ を たすと、 ☐ に
なります。

① ひき算の 答えの たしかめに なる たし算の しきを 見つけて、線で
むすびましょう。

教科書 50ページ 1

49－27	・	・	54＋4
84－30	・	・	5＋63
58－4	・	・	5＋58
63－58	・	・	54＋30
68－63	・	・	22＋27

たし算の 答え
が ひき算の
ひかれる数と
同じに なるか
たしかめよう。

② 計算を して、答えの たしかめも しましょう。

教科書 51ページ 1

①
```
  8 3
－ 6 5
```
たしかめ

②
```
  4 2
－   8
```
たしかめ

おうちのかたへ
ひき算の答えにひく数をたすと、ひかれる数になることを学習します。
このひき算のきまりを使って、ひき算の答えの確かめを行う習慣を身につけましょう。

まとめのテスト

時間 **20** 分

とく点

／100点

おわったら
シールを
はろう

教科書 39〜52ページ　答え 3ページ

1 よく出る ひっ算で 計算を しましょう。❶、❷は、答えの たしかめも

しましょう。

1つ6〔36点〕

❶ 77−66　　たしかめ

❷ 41−16　　たしかめ

❸ 70−31　　❹ 54−49　　❺ 80−4　　❻ 26−8

2 計算の まちがいを 見つけて、正しく 計算しましょう。

1つ10〔40点〕

❶
```
  8 0
− 3 2
─────
  5 8
```
➡

❷
```
  5 3
− 4 8
─────
  1 5
```
➡

❸
```
  3 7
−   2
─────
  1 7
```
➡

❹
```
  5 0
−   7
─────
  5 3
```
➡

3 たくやさんは、きのう 本を 43ページ 読みました。今日は

きのうよりも 15ページ 少なく 読みました。今日は 何ページ

読みましたか。

1つ8〔24点〕

ひっ算

しき

答え（　　　　　　）

□ くり下がる ひき算の ひっ算が できるかな？
□ もんだいから、ひき算の しきを つくって、答えが だせるかな？

ふろくの 「計算れんしゅうノート」5〜7ページを やろう！

15

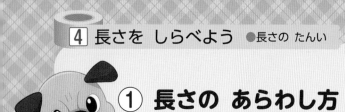

① 長さの あらわし方

きほんのワーク

教科書 53〜62ページ   答え 3 ページ

もくひょう
長さの たんい cm、mmを 知ろう。

おわったら シールを はろう

きほん 1 センチメートルを つかって 長さを あらわせますか。

⭐ テープの 長さを はかりましょう。

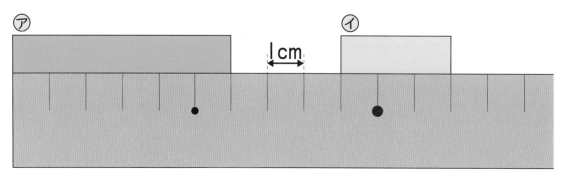

上の ものさしの 1目もりの 長さを、□ センチメートルと

いい、1cmと 書きます。

れんしゅうしましょう。

1cm 1cm

長さは 1cmの いくつ分で あらわします。

⑦の テープの 長さは 1cmの □ つ分だから 6cmです。

⑦の テープの 長さは 1cmの 3つ分だから □ cmです。

1 つぎの ものの 長さは 何cmですか。 教科書 55ページ 1

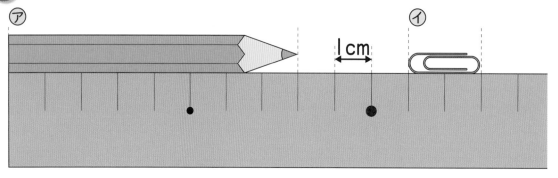

⑦ (   )   ⑦ (   )

さんすうはかせ 長さの たんいの cmや mmは、せかい中で つかえる メートルほうの たんいなんだ。
かさや おもさなども メートルほうで あらわして いるよ。

2 正しい はかり方は どれですか。 教科書 56ページ**2**

⑦　　　　　　　⑦　　　　　　　⑦

（　　　）

きほん**2** ミリメートルを つかって 長さを あらわせますか。

⭐ ものさしの 左はしから、ア、イ、ウまでの 長さは、それぞれ
どれだけですか。

ア　　　　　　　　イ　　　　　　　ウ

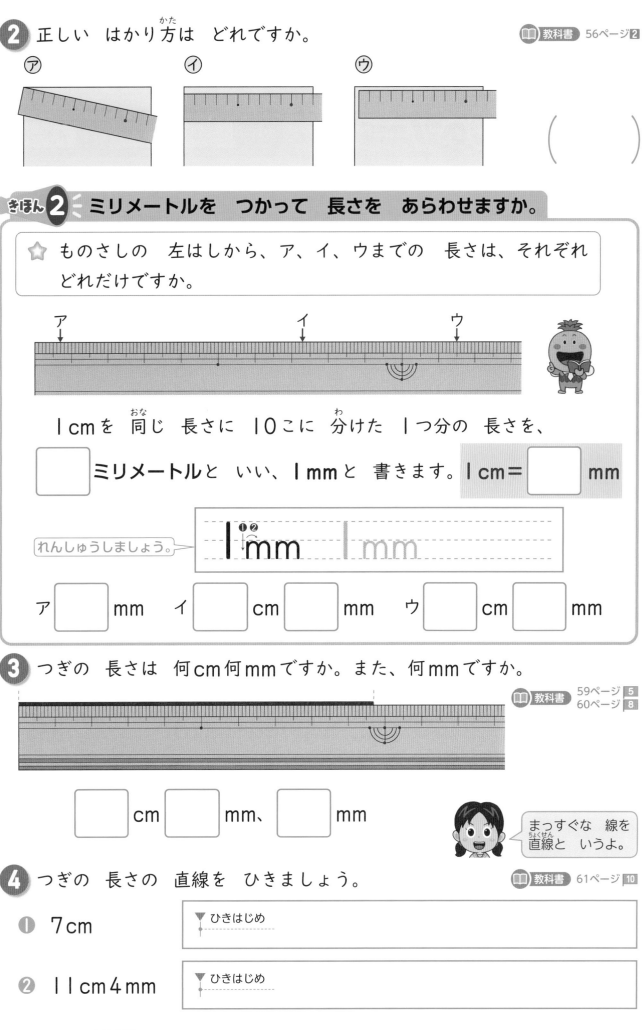

1cmを 同じ 長さに 10こに 分けた 1つ分の 長さを、

☐ ミリメートルと いい、1mmと 書きます。 1cm＝☐mm

れんしゅうしましょう。 1mm 1mm

ア☐mm　イ☐cm☐mm　ウ☐cm☐mm

3 つぎの 長さは 何cm何mmですか。また、何mmですか。

教科書 59ページ**5**
60ページ**8**

☐cm☐mm、☐mm

まっすぐな 線を
直線と いうよ。

4 つぎの 長さの 直線を ひきましょう。

教科書 61ページ**10**

❶ 7cm

▼ひきはじめ

❷ 11cm4mm

▼ひきはじめ

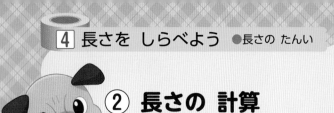

もくひょう

長さの 計算の しかたを 知ろう。

おわったら シールを はろう

② 長さの 計算

きほんのワーク

教科書 63ページ 答え 4ページ

きほん1 長さの 計算を する ことが できますか。

☆ ⑦と ⑦の 線の 長さを しらべましょう。

⑦

⑦

ものさしで はかろう！

❶ ⑦の 長さは どれだけですか。 ▢ cm

❷ ⑦の 長さは どれだけですか。

▢ cm ▢ mm ＋ ▢ cm ＝ ▢ cm ▢ mm

1 ☆で、⑦と ⑦の 長さの ちがいは どれだけですか。 📖 教科書 63ページ1

しき ▢ cm ▢ mm － ▢ cm ＝ ▢ cm ▢ mm

答え ▢ の 線が ▢ cm ▢ mm 長い。

2 計算を しましょう。 📖 教科書 63ページ1

❶ 10cm 2mm ＋ 3mm ＝ ▢ cm ▢ mm

❷ 6cm 9mm － 5mm ＝ ▢ cm ▢ mm

cmどうし、mmどうしを 計算するよ。

❸ 9cm 5mm ＋ 8cm 3mm ＝ ▢ cm ▢ mm

❹ 12cm 7mm － 6cm 4mm ＝ ▢ cm ▢ mm

おうちのかたへ 長さの計算の学習をします。
計算にとどまらず、実際に直線をひいて、長さの量感を養っておくことが大切です。

 まとめのテスト

時間 20分

とく点 ／100点

おわったら シールを はろう

教科書 53〜65ページ　　答え 4ページ

1 よく出る 左はしから、ア、イ、ウ、エまでの 長さは、それぞれ
何cm何mmですか。　　　　　　　　　　　　　　　　　　1つ5〔20点〕

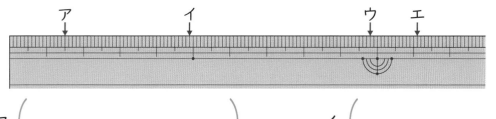

ア（　　　　　　　　　　）　　　　イ（　　　　　　　　　　）

ウ（　　　　　　　　　　）　　　　エ（　　　　　　　　　　）

2 □に あてはまる 数を 書きましょう。　　　　　　1つ8〔40点〕

❶ 7cmは 1cmの □つ分の 長さです。

❷ 5cm＝□mmです。

❸ 6cmと 5mmを 合わせると、□cm□mmです。

❹ ❸の 長さは □mmです。

3 （ ）に あてはまる たんいを 書きましょう。　　1つ10〔20点〕

❶ ノートの あつさ 4（　　　　）　　❷ クレヨンの 長さ 7（　　　　）

4 長い じゅんに ならべましょう。　　　　　　　　　1つ10〔20点〕

❶ 4cm6mm　5cm　3cm9mm（　　　　　　　　　　　　　）

❷ 75mm　6cm　8cm1mm（　　　　　　　　　　　　　）

 チェック✓　　□ものさしを つかって、長さを はかる ことが できるかな？
　　　　　　　　　□長さの たんいを 2つ いえるかな？

19

① 数の あらわし方 [その1]

もくひょう
100より 大きい
数の 読み方や
書き方を 学ぼう。

おわったら
シールを
はろう

きほんのワーク

教科書 66〜71ページ　答え 4ページ

きほん 1 100より 大きい 数の あらわし方が わかりますか。

☆ おり紙の 数を 数字で 書きましょう。

① 百を 　□　 こ あつめた 数を

三百（さんびゃく）と いいます。三百と 二十四を

合（あ）わせた 数を 　三百二十四　と

いいます。

② 三百二十四は 数字で 　□　 と

書きます。　**答え** 324まい

百のくらい	十のくらい	一のくらい
⑩⑩⑩	⑩ ⑩	①①①①
3	2	4

1 えんぴつは 何本（なんぼん） ありますか。数字で 書きましょう。　📖教科書 69ページ 1

（　　　　　　）

2 つぎの 数を 読（よ）みましょう。　📖教科書 71ページ 3

① 147　　　　② 382　　　　③ 759

（　　　　）（　　　　）（　　　　）

3 □に あてはまる 数を 書きましょう。　📖教科書 69ページ 2

① 百のくらいが 8、十のくらいが 2、一のくらいが 4の 数は

　□　です。

② 100を 4こ、10を 7こ、1を 8こ 合わせた 数は 　□　です。

 1が 10こ あつまると 「10」と いう まとまりに なり、
10が 10こ あつまると 「100」と いう まとまりに なるよ。

☆ おり紙は 何まい ありますか。数字で 書きましょう。

| 100まい | 100まい | 100まい | 100まい | 100まい | | | |

10の たばが
1つも ないよ。

603と 書いて、

六百三（ろっぴゃくさん）と 読みます。

百のくらい	十のくらい	一のくらい
100 100 100 100 100 100		① ① ①

答え [   ] まい

4 あめは 何こ ありますか。　　　　教科書 70ページ 2

| あめ 100こ | あめ 100こ | あめ 100こ | あめ10こ あめ10こ あめ10こ あめ10こ / あめ10こ あめ10こ あめ10こ あめ10こ | (　　　　) |

5 つぎの 数を 読みましょう。　　　　教科書 71ページ 3

❶ 201　　　　　　❷ 450　　　　　　❸ 500

(　　　　)　　　(　　　　)　　　(　　　　)

6 つぎの 数を 数字で 書きましょう。　　　　教科書 71ページ 4

❶ 三百二十　　　　❷ 八百十六　　　　❸ 四百二

(　　　　)　　　(　　　　)　　　(　　　　)

7 □に あてはまる 数を 書きましょう。　　　　教科書 71ページ 4 5

❶ 百のくらいの 数字が 5で、十のくらいの 数字が 3で、

一のくらいの 数字が 0の 数は [   ] です。

❷ 509は 100を [   ] こと、1を [   ] こ 合わせた 数です。

おうちのかたへ　百の位を使って、3けたの数を表します。100がいくつ、10がいくつ、1がいくつで3けたの数が構成されることをおさえます。空位を0で表すことに注意します。

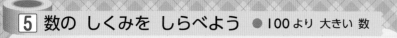

もくひょう・
100より 大きい 数の しくみと 数の 大小の あらわし方を 学ぼう。

おわったら シールを はろう

① 数の あらわし方 [その2]

きほんのワーク

教科書 72〜75ページ 答え 4 ページ

きほん 1 10を あつめた 数が わかりますか。

☆ 10を 17こ あつめた 数は いくつですか。

10が 17こ
- 10が ☐ こ → 100
- 10が 7こ → 70

☐

1 つぎの 数を 数字で 書きましょう。 📖教科書 72ページ 6

① 10を 32こ あつめた 数 （ ）

② 10を 40こ あつめた 数 （ ）

2 290は 10を いくつ あつめた 数ですか。 📖教科書 73ページ 4

290
- 200 → 10の ☐ こ分
- 90 → 10の ☐ こ分
→ 10の ☐ こ分

100円玉 1こは 10円玉に すると 10こに なるね。

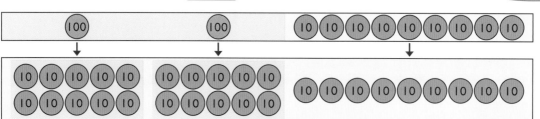

3 830は 10を いくつ あつめた 数ですか。 📖教科書 73ページ 7

（ ）

さんすうはかせ 10ごとに くらいが 上がり、よび名が かわる 「十進法」の ほかにも 「二進法」や 「五進法」など いろいろな 数え方が あるんだよ。

☆ □に　あてはまる　数を　書きましょう。

```
0   100  200  300  400  500  600  700  800  900  1000
```

[　]　[　]　[　]

一番　小さい
1目もりは　10を
あらわして　いるね。

☆ 487と　493の　数の　大きさを　くらべましょう。

百のくらい	十のくらい	一のくらい
4	8	7
4	9	3

百のくらいの
数字は
同じだから
十のくらいの
数字を　見れば
数の　大小が
わかるね。

数の　大小は　＞や　＜で　あらわします。

487＜493と　書いて、「487は　493より　小さい。」と　読みます。

493＞487と　書いて、「493は　487より　[　　　]。」と

読みます。

4 □に　あてはまる　数を　書きましょう。　　　📖教科書 74ページ 8

❶
```
650  660 [　] 680  690 [　] 710  720  730 [　]
```

❷
```
690 [　] 692  693  694 [　] 696  697  698  699 [　]
```

5 □に　あてはまる　＞か　＜を　書きましょう。　　📖教科書 75ページ 9

❶ 254 [　] 425　　　　❷ 561 [　] 516

❸ 99 [　] 101　　　　❹ 804 [　] 808

6 □に　あてはまる　数字を　書きましょう。　　📖教科書 75ページ

❶ 785 ＜ 7□5 （　　　）　❷ 814 ＞ 8□4 （　　　）

23

① 数の あらわし方 [その3] ② 千
③ たし算と ひき算

きほんのワーク

もくひょう
100より 大きい 数の
しくみや、何十、何百十の
計算の しかたを 学ぼう。

おわったら
シールを
はろう

教科書 76〜78ページ   答え 5ページ

きほん 1 ── 100より 大きい 数の しくみが わかりますか。

★ □に あてはまる 数を 書きましょう。

❶ 380は 100を □こと、10を □こ

合わせた 数で、10を □こ あつめた 数です。

また、400より □ 小さい 数です。

❷ 100を 10こ あつめた 数を

1000 と 書いて、千と 読みます。

100 100 100 100 100
100 100 100 100 100 → 1000

❸ 1000は 10を □こ あつめた 数です。

1 740に ついて □に あてはまる 数を 書きましょう。 📖 教科書 76ページ 7

❶ 740は 100を 7こと、10を □こ 合わせた 数です。

❷ 740は 700より □ 大きい 数です。

❸ 740は 800より □ 小さい 数です。

いろいろな
見方が
できるね。

❹ 740は 10を □こ あつめた 数です。

2 つぎの 数を 数字で 書きましょう。 📖 教科書 77ページ 1

❶ 1000より 200 小さい 数   (   )

❷ 700より 300 大きい 数   (   )

24 はってん さんすうはかせ 1時間は 60分、1分は 60秒だよ(どれも この あとに ならうよ)。
秒と 分は 60ごとに よび方が かわるね。

☆ 下の 絵を 見て、計算を しましょう。

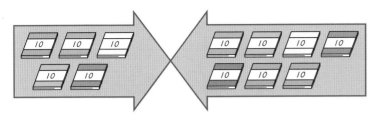

❶ 50+70=☐

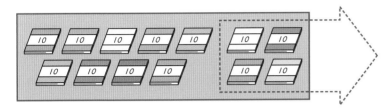

❷ 130−40=☐

10の まとまりが 何こに なるかを 考えよう。

10の いくつ分で 考えると、
❶は 5+7=12
❷は 13−4=9に なるね。

❸ 90円の ボールペンと 40円の けしゴムを 買います。合わせて 何円に なりますか。

📖教科書 78ページ**1**

しき   答え （   ）

❹ 120円 もって います。70円の おかしを 買うと、何円 のこりますか。

📖教科書 78ページ

しき   答え （   ）

❺ 計算を しましょう。

📖教科書 78ページ**1**

❶ 80+30=☐

❷ 60+90=☐

❸ 70+70=☐

❹ 90+80=☐

❺ 110−20=☐

❻ 150−80=☐

❼ 130−70=☐

❽ 180−90=☐

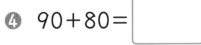
おうちのかたへ

1000とはどんな大きさの数か、お金を使って考えると、理解しやすいようです。
（何十）+（何十）や（百何十）−（何十）の計算を、10のまとまりで考えましょう。

れんしゅうのワーク

1 数の あらわし方 つぎの 数を 数字で 書きましょう。

❶ 100 100 10 10 10　① ① ①／① ① ①

（　　　　　　　　　）

❷ 100 100 100 100　① ①

（　　　　　　　　　）

2 10を あつめた 数 かいとさんと お姉さんが ちょ金を して います。

❶ かいとさんの ちょ金ばこには 10円玉が 53こ 入って います。
ぜんぶで 何円ですか。

（　　　　　　　　　）

❷ お姉さんの ちょ金ばこにも 10円玉だけが 入って います。
ぜんぶで 780円に なるそうです。10円玉は 何こ ありますか。

（　　　　　　　　　）

3 千 1たば 100まいの おり紙が 8たば あります。

❶ おり紙は ぜんぶで 何まいですか。

（　　　　　　　　　）

❷ あと 何たばで、1000まいに なりますか。

（　　　　　　　　　）

4 数の線 □に あてはまる 数を 書きましょう。

❶ 240 □ 260 270 □ 290 □ 310 320

❷ 290 □ 292 □ 294 295 296 297 298 299 □

5 たし算と ひき算 2年生は 120人、1年生は 90人 います。ちがいは
何人ですか。

しき

答え（　　　　　　　　　）

できるナビ 何十、百何十の たし算 ひき算は、10の まとまりが いくつ分に なるかを 考えて、計算を するんだね!

まとめのテスト

時間 **20**分　とく点　/100点　おわったら シールを はろう

教科書 66〜81ページ　答え 5ページ

1 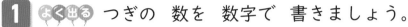 つぎの 数を 数字で 書きましょう。　1つ5〔15点〕

①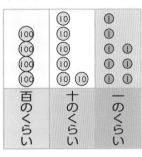

②

③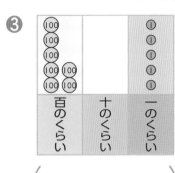

（　　　　　　）　（　　　　　　）　（　　　　　　）

2 □に あてはまる 数を 書きましょう。　1つ5〔15点〕

① 100を 9こ、10を 2こ 合わせた 数は □ です。

② 500は 10を □ こ あつめた 数です。

③ 1000は □ を 10こ あつめた 数です。

3 □に あてはまる ＞か ＜を 書きましょう。　1つ10〔30点〕

① 275 □ 357　② 487 □ 478　③ 106 □ 160

4 □に あてはまる 数を 書きましょう。　1つ5〔30点〕

①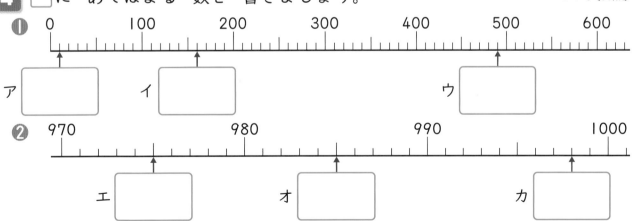

ア □　イ □　ウ □

② 970　980　990　1000

エ □　オ □　カ □

5 0から 9までの なかで、□に あてはまる 数を ぜんぶ 書きましょう。　〔10点〕

（　　　　　　　　　　）

4□2＞470

ふろくの 「計算れんしゅうノート」8ページを やろう！

 □100より 大きい 数の しくみが わかったかな？
□数の線を 読む ことが できるかな？

① かさの あらわし方 [その1]

もくひょう
かさの たんいに ついて 学ぼう。

おわったら シールを はろう

きほんのワーク

教科書 85〜90ページ　答え 5ページ

きほん 1 デシリットルの かさが わかりますか。

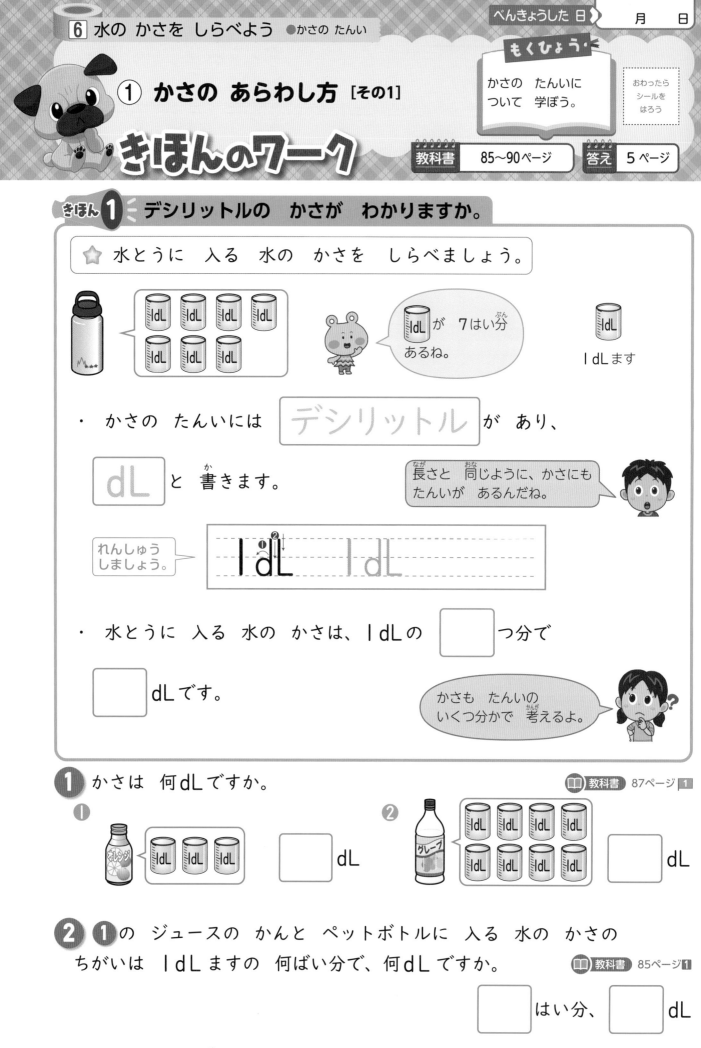

☆ 水とうに 入る 水の かさを しらべましょう。

1dL が 7はい分 あるね。

1dL ます

・ かさの たんいには │ デシリットル │ が あり、

│ dL │ と 書きます。

長さと 同じように、かさにも たんいが あるんだね。

れんしゅう しましょう。

1dL　1dL

・ 水とうに 入る 水の かさは、1dL の │　│つ分で

│　│ dL です。

かさも たんいの いくつ分かで 考えるよ。

1 かさは 何dLですか。

教科書 87ページ 1

① │　│ dL

② │　│ dL

2 1の ジュースの かんと ペットボトルに 入る 水の かさの ちがいは 1dL ますの 何ばい分で、何dL ですか。

教科書 85ページ 1

│　│はい分、│　│ dL

さんすうはかせ 1dLの「d(デシ)」は、「同じ 大きさに 10こに 分けた 1つ分」という いみなんだよ。

☆ ポットに 入る 水の かさを しらべましょう。

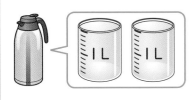 

1Lの 2はい分 あるね。

1Lます

・ 大きな かさの たんいには リットル が あり、

L と 書きます。1Lは 10 dLです。

れんしゅう しましょう。

1L=10dL

・ ポットに 入る 水の かさは 1Lの ☐つ分で

☐ Lです。

1Lますの 1ぱい分で 1Lだから…。

3 つぎの 入れものに 入る 水の かさは どれだけですか。

📖教科書 89ページ **2**

❶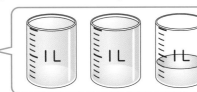

☐ L ☐ dL、 ☐ dL

❷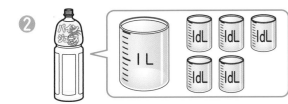

☐ L ☐ dL、 ☐ dL

4 ☐ に あてはまる ＞か ＜を 書きましょう。

📖教科書 89ページ **4**

❶ 17dL ☐ 15dL

❷ 4L2dL ☐ 5L

❸ 3L ☐ 23dL

❹ 36dL ☐ 6L3dL

おうちのかたへ 水などのかさは、ますではかることを知り、単位を使って表す学習をします。
L（リットル）とdL（デシリットル）の意味と表し方を理解します。

① かさの あらわし方 [その2]

もくひょう・
mL の たんいや
かさの 計算の
しかたを 知ろう。

おわったら
シールを
はろう

きほんのワーク

教科書 91〜92ページ　答え 5 ページ

きほん 1 ミリリットルの かさが わかりますか。

⭐ ジュースの かんに 入る 水の かさを しらべましょう。

・ 小さい かさを あらわす たんいに

ミリリットル が あり、

mL と 書きます。

1dLより 小さい かさを mLで あらわすんだね。

・ 1000 mLは 1Lです。 　1L＝1000mL

・ 100 mLは 1dLです。 　1dL＝100mL

れんしゅう
しましょう。 1mL 1mL

1 1000mLの 紙パックに 水を 入れ、1Lますに うつしかえました。
1Lますの 何ばい分に なりますか。

教科書 91ページ 4

1Lますの ちょうど □ ぱい分

2 100mLの びんに 水を 入れ、1dLますに うつしかえました。
1dLますの 何ばい分に なりますか。

教科書 91ページ 4

1dLますの ちょうど □ ぱい分

3 □に あてはまる ＞か ＜を 書きましょう。

教科書 91ページ 5

① 1L □ 900mL　　　② 3dL □ 400mL

さんすうはかせ 1mLの 「m(ミリ)」は、「1000こに 分けた 1つ分(1000分の1)」と いう
いみだよ。長さを あらわす mmの 「m(ミリ)」も 同じように 1000分の1だよ。

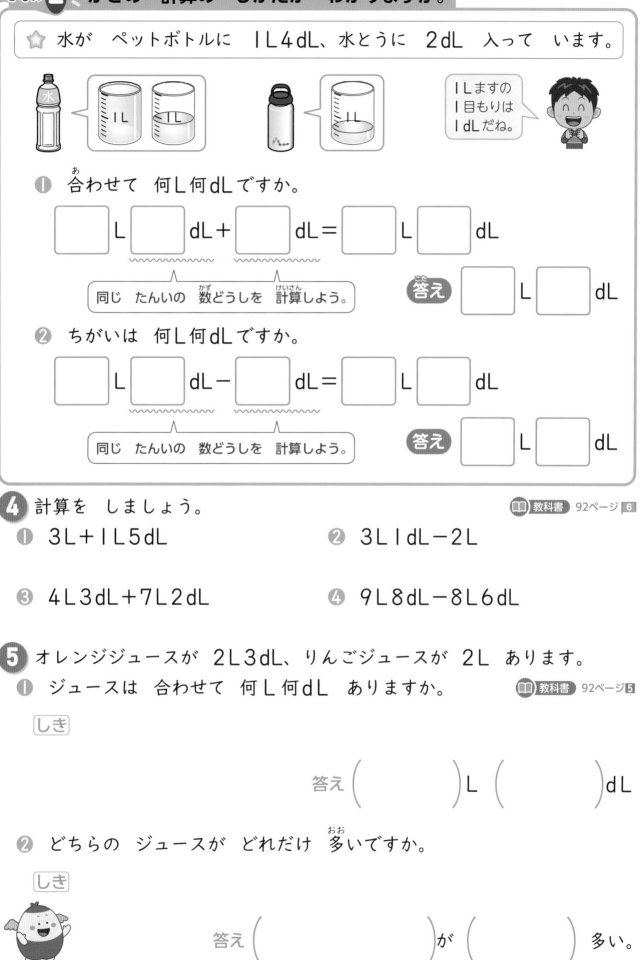

きほん2 かさの 計算の しかたが わかりますか。

☆ 水が ペットボトルに 1L4dL、水とうに 2dL 入って います。

1Lますの 1目もりは 1dLだね。

① 合わせて 何L何dLですか。

$$\boxed{}\text{L}\ \boxed{}\text{dL} + \boxed{}\text{dL} = \boxed{}\text{L}\ \boxed{}\text{dL}$$

同じ たんいの 数どうしを 計算しよう。

答え $\boxed{}$ L $\boxed{}$ dL

② ちがいは 何L何dLですか。

$$\boxed{}\text{L}\ \boxed{}\text{dL} - \boxed{}\text{dL} = \boxed{}\text{L}\ \boxed{}\text{dL}$$

同じ たんいの 数どうしを 計算しよう。

答え $\boxed{}$ L $\boxed{}$ dL

4 計算を しましょう。　　　　　　　　　　　教科書 92ページ **6**

① 3L+1L5dL

② 3L1dL−2L

③ 4L3dL+7L2dL

④ 9L8dL−8L6dL

5 オレンジジュースが 2L3dL、りんごジュースが 2L あります。

① ジュースは 合わせて 何L何dL ありますか。　　　教科書 92ページ **5**

しき

答え (　　　)L (　　　)dL

② どちらの ジュースが どれだけ 多いですか。

しき

答え (　　　　　)が (　　　　　) 多い。

おうちのかたへ　mL（ミリリットル）の意味と表し方を学びます。1L＝1000mLをおさえましょう。
かさの計算は同じ単位の数どうしで計算すればできることを学習します。

6 水の かさを しらべよう ●かさの たんい

れんしゅうのワーク

できた 数

/6もん 中

おわったら
シールを
はろう

教科書　85〜93ページ　　答え　5 ページ

1 かさを くらべよう　あおいさんと こうきさんと ひなさんが ジュースを もって います。かさを くらべましょう。

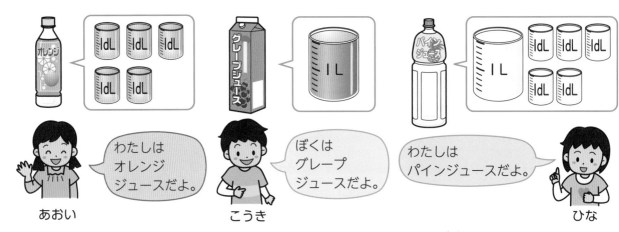

オレンジ

| わたしは オレンジ ジュースだよ。

あおい

ぼくは グレープ ジュースだよ。

こうき

わたしは パインジュースだよ。

ひな

❶ あおいさんの もって いる ジュースの かさは 何dLですか。

（　　　　　　　）

❷ ひなさんの もって いる ジュースの かさは 何L何dLですか。

（　　　　　　　）

❸ こうきさんと ひなさんの ジュースの かさを 合わせると 何L何dLですか。

（　　　　　　　）

❹ あおいさんと ひなさんの ジュースの かさを 合わせると 何Lですか。

（　　　　　　　）

❺ あおいさんと ひなさんの ジュースの かさの ちがいは 何Lですか。

（　　　　　　　）

❻ あおいさんと こうきさんの ジュースの かさの ちがいは 何dLですか。

（　　　　　　　）

できるナビ　かさを たしたり ひいたり する ときは、同じ たんいの 数どうしを 計算するよ。
かさの ちがいは、多い ほうから 少ない ほうを ひくんだね。

まとめのテスト

教科書　85〜93ページ　　答え　5ページ

時間 **20**分

とく点　　　／100点

おわったら
シールを
はろう

1 （　）に　あてはまる　たんいを　書きましょう。　　1つ10〔30点〕

❶ びんに　入った　牛にゅう  ……………………… 200 （　　　）

❷ 水そうに　入った　水 ………………… 8 （　　　）

❸ 目ぐすり ………………………………… 10 （　　　）

2 よく出る　水の　かさは　何L何dLですか。　　1つ10〔20点〕

❶

❷

（　　　　　　　）　　　　　　　　（　　　　　　　）

3 □に　あてはまる　数を　書きましょう。　　1つ5〔10点〕

❶ 1L＝□dL　　　　　❷ 1L＝□mL

4 かさの　多い　じゅんに　書きましょう。　　1つ10〔20点〕

❶ 2L、29dL、2L8dL　　　　（　　　　　　　　　　　）

❷ 7dL、55mL、400mL　　　（　　　　　　　　　　　）

5 水が　赤い　水とうに　1L5dL、青い　水とうに　4dL　入って　います。

❶ 合わせて　何L何dLですか。　　1つ5〔20点〕

しき　　　　　　　　　　　　　　　　　　こた答え（　　　　　　）

❷ ちがいは　何L何dLですか。

しき　　　　　　　　　　　　　　　　　　答え（　　　　　　）

チェック✓ □L、dL、mLの　かんけいが　わかったかな？
□かさの　計算が　できるかな？

ふろくの　「計算れんしゅうノート」10ページを　やろう！

① 時こくと 時間 [その1]

もくひょう
時こくと 時間の ちがいを 知ろう。

おわったら シールを はろう

きほんのワーク

教科書 94～97ページ　　答え 6ページ

きほん 1 時こくと 時間の ちがいが わかりますか。

☆ たつやさんは 公園に あそびに 行きました。

家を 出た 時こく　　　　公園に ついた 時こく　　　　公園を 出た 時こく

❶ 家を 出た 時こくは ［　　］ 時です。

❷ 公園に ついた 時こくは ［　　］時 ［　　］分です。

❸ 家を 出てから、公園に つくまでの 時間は ［　　］分です。

3時　3時10分

時間

家を出た 時こく　公園に ついた 時こく

3時　時間　10分
3時10分

❹ 家を 出てから、公園を 出るまでの 時間は ［　　］分です。

時こくと 時こくの 間が 時間だよ。

 ・長い はりが 1まわりする 時間は　│時間

・1時間＝ 60 分

60分を 1時間と いうよ。

❺ 公園に ついてから 公園を 出るまでの 時間は ［　　］分です。

さんすうはかせ 時こくは 「何時何分」のように いっしゅんの ときを さし、時間は 時こくと 時こくの 間の ときの ながれ（長さ）を あらわすよ。ちがいを おさえよう。

1 つぎの 時間は 何分ですか。 教科書 96ページ 1

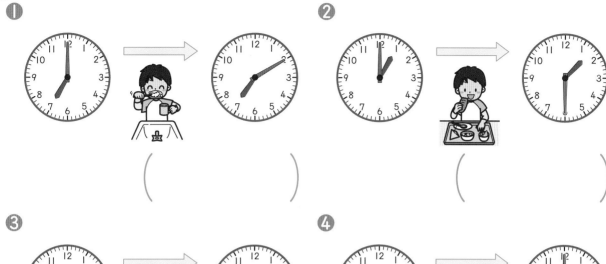

① ( )　　② ( )

③ ( )　　④ ( )

2 □に 「時こく」か 「時間」を 書きましょう。 教科書 96ページ 2

① 学校を 出た □ は 3時30分です。

② お店に 入ってから 出るまでの □ は 25分です。

③ 朝ごはんを 食べはじめた □ は 7時20分です。

④ 家を 出てから 学校に つくまでの □ は 15分です。

3 □に あてはまる 数を 書きましょう。 教科書 97ページ 3

① 1時間10分= □ 分

② 1時間30分= □ 分

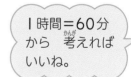

1時間=60分
から 考えれば
いいね。

③ 80分= □ 時間 □ 分

④ 100分= □ 時間 □ 分

③ 80分は 60分と
何分に なるかな。

おうちのかたへ　時刻と時間の違いを学び、2つの時刻の間の時間を求めます。
1時間=60分の関係も、おさえておきましょう。

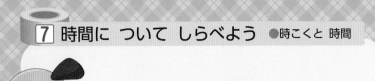

もくひょう

いろいろな　時こくや 時間を　もとめよう。

おわったら シールを はろう

① 時こくと 時間 [その2]

きほんのワーク

教科書 98〜99ページ　答え 6ページ

きほん **1** 午前、午後を　つかって 時こくが　いえますか。

⭐ 下の 絵を 見て 答えましょう。

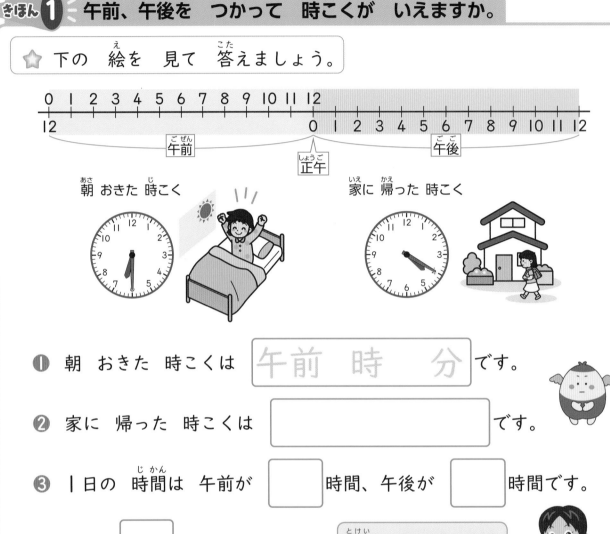

❶ 朝 おきた 時こくは | 午前　時　　分 | です。

❷ 家に 帰った 時こくは | | です。

❸ |日の 時間は 午前が | | 時間、午後が | | 時間です。

|日は | | 時間です。

時計の みじかい はりは |日に 2回 まわるよ。

1 午前、午後を つかって 時こくを 答えましょう。

📖 教科書 99ページ 5

❶ 朝

❷ 夜

(　　　　　　　)　　　　(　　　　　　　)

さんすうはかせ 午前・午後は 正午の 前と 後と いう いみだよ。「午」は、時こくを 十二支で あらわした ときの 「午の 刻(うまの こく)」を さして いるんだ。

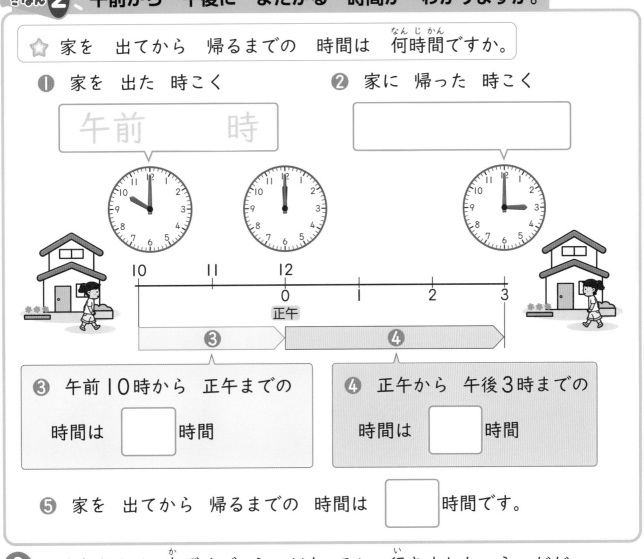

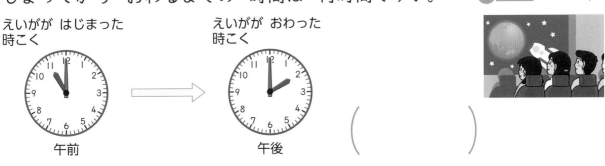

① 時こくと 時間 [その3]

もくひょう
いろいろな 時こくを もとめよう。

おわったら シールを はろう

きほんのワーク

教科書 100ページ　答え 6ページ

きほん1　時こくを もとめられますか。

⭐ つぎの 時こくを もとめましょう。

❶ 午前11時20分から 30分 たった 時こく

20＋30＝ □ だから、

時こくは 午前 □ 時 □ 分です。

30分

❷ 午後1時から 3時間 たった 時こく

1＋ □ ＝ □ だから、

時こくは 午後 □ 時です。

3時間

1 つぎの 時こくを もとめましょう。

📖教科書 100ページ 9

❶ 午後3時35分から 20分 たった 時こく

(　　　　　　)

❷ 午後3時35分の 25分前の 時こく

(　　　　　　)

2 つぎの 時こくを もとめましょう。

📖教科書 100ページ 10

❶ 午前9時から 2時間 たった 時こく

(　　　　　　)

❷ 午前9時の 3時間前の 時こく

(　　　　　　)

おうちのかたへ　ある時刻から何分前・何分後、何時間前・何時間後を考える問題です。
実際に時計を使って考えたり、計算で考えたりしましょう。

まとめのテスト

教科書 94〜104ページ　　答え 6 ページ

時間 **20** 分

とく点 ／100点

おわったら シールを はろう

1 時計を 見て、今の 時こくと、それぞれの 時こくを、午前、午後を つかって 答えましょう。

1つ9〔54点〕

① 朝

今の 時こく （　　　　　　　）

15分 たった 時こく （　　　　　　　）

25分前の 時こく （　　　　　　　）

② 夜

今の 時こく （　　　　　　　）

4時間 たった 時こく （　　　　　　　）

5時間前の 時こく （　　　　　　　）

2 □に あてはまる 数を 書きましょう。

1つ9〔18点〕

① 1時間＝□分

② 1日＝□時間

3 よく出る 午前、午後を つかって 時こくを 答えましょう。

1つ9〔18点〕

 ①  朝

（　　　　　　　）

②  夜

（　　　　　　　）

4 さくやさんが ゆう園地に いた 時間は 何時間ですか。

〔10点〕

ゆう園地に ついた 時こく　　　ゆう園地を 出た 時こく

 →

午前　　　　　　　　　　午後

（　　　　　　　）

 チェック ✓
□ 時間と 分の かんけいが わかったかな？
□ 時こくを、午前と 午後を つかって いえるかな？

① たし算の ひっ算 [その1]

きほんのワーク

もくひょう
百のくらいに
くり上がる たし算の
ひっ算を 学ぼう。

おわったら
シールを
はろう

教科書 106〜110ページ 　答え 6 ページ

教科書 106〜110ページ
答え 6 ページ

きほん 1 くり上がりが 1回 ある たし算が できますか。

☆ 73＋54の ひっ算の しかたを 考えましょう。

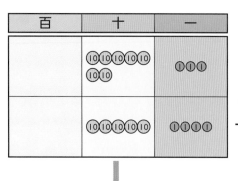

なぞりましょう。

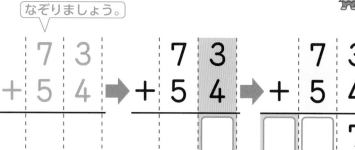

① くらいを たてに そろえて 書く。

② 一のくらいの 計算
$3+4=\boxed{}$

③ 十のくらいの 計算
$7+5=\boxed{}$

百のくらいに
1 くり上げる。

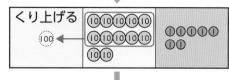

くり上げる

$73+54=\boxed{}$

1 計算を しましょう。
教科書 109ページ 1

①
```
  4 1
+ 7 6
```

②
```
  5 6
+ 9 3
```

③
```
  7 0
+ 5 4
```

④
```
  5 3
+ 5 2
```

2 ひっ算で 計算しましょう。
教科書 109ページ 1

① 36＋92 　② 73＋85 　③ 43＋64 　④ 20＋89

さんすうはかせ 「＋」の 記ごうは、古だいローマの ことばだった ラテン語の 「…と …」を いみする エ(et)が へんかした ものだと いわれて いるよ。

☆ 89+63の ひっ算の しかたを 考えましょう。

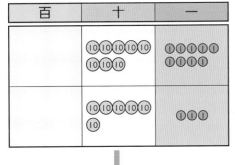

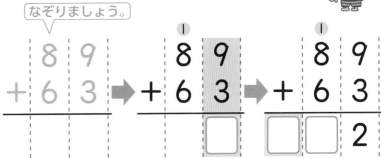

なぞりましょう。

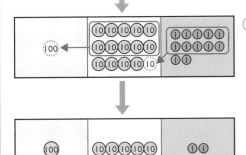

① くらいを たてに そろえて 書く。

② 一のくらいの 計算

$9+3=\boxed{}$

十のくらいに
1 くり上げる。

③ 十のくらいの 計算

$1+8+6=\boxed{}$

百のくらいに
1 くり上げる。

$89+63=\boxed{}$

3 計算を しましょう。

📖 教科書 110ページ 3

①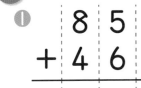

②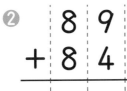

③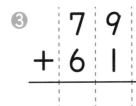

④

4 ひっ算で 計算しましょう。

📖 教科書 110ページ 3

① 68+75   ② 69+63   ③ 82+38   ④ 53+77

5 85円の ノートと 58円の えんぴつを 買います。
合わせて 何円ですか。

📖 教科書 109ページ 2

しき

答え（　　　　　　　）

ひっ算

おうちのかたへ 百の位にくり上がる計算のしかたを学習します。位を揃えて書いたり、上の位にくり上げて いったりという計算方法は、これまでと変わりません。

41

① たし算の ひっ算 [その2]
② たし算の きまり

きほんのワーク

もくひょう
百のくらいに くり上がる
ひっ算や （ ）を
つかった 計算を 学ぼう。

おわったら
シールを
はろう

きほん① 答えの 十のくらいが 0に なる たし算が できますか。

☆ 59＋42の ひっ算の しかたを 考えましょう。

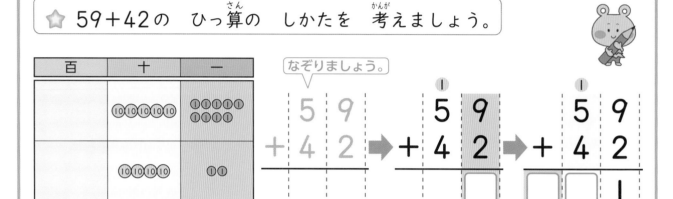

百	十	一

なぞりましょう。

① くらいを たてに そろえて 書く。

② 一のくらいの 計算
9＋2＝□
十のくらいに
① くり上げる。

③ 十のくらいの 計算
①＋5＋4＝□
百のくらいに
① くり上げる。

59＋42＝□

---

1 計算を しましょう。

教科書 111ページ 4

①
```
  4 6
＋ 5 7
```

②
```
  2 8
＋ 7 2
```

③
```
  9 3
＋   9
```

④
```
    7
＋ 9 3
```

---

2 ひっ算で 計算しましょう。

教科書 111ページ 4

① 64＋37　② 57＋43　③ 8＋96　④ 95＋5

さんすうはかせ
ひっ算は 2つの 数だけでなく、3つの 数でも できるよ。
43ページでは、ひっ算を つかわずに くふうして やってみよう。

☆ はるとさんは、15円の おり紙と 50円の クッキー、20円の ガムを 買いました。ぜんぶで 何円 つかいましたか。
□に あてはまる 数を 書きましょう。

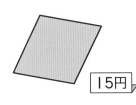 15円  50円 20円

① おり紙と クッキーの だい金を 先に 計算する。

$(15+50)+20 = \boxed{} +20 = \boxed{}$

( )は ひとまとまりを あらわして いて、先に 計算するよ。

② おかしの だい金を 先に 計算する。

$15+(50+20) = 15 + \boxed{} = \boxed{}$

たし算では、たす じゅんじょを かえても 答えは 同じに なるね。

答え   円

3 くふうして 計算しましょう。　　　　　📖教科書 113ページ 1

① $17+12+28$

② $19+23+47$

③ $68+45+5$

④ $57+46+13$

⑤ $24+62+16$

⑥ $39+47+1$

( )を つけて 考えて みよう。

おうちのかたへ　( )を使った式の学習をします。( )は、ひとまとまりを表し、先に計算することを学びます。たす順序をかえると、計算しやすくなる場合があることに気づきましょう。

43

③ ひき算の ひっ算 [その1]

もくひょう
百のくらいから
くり下がる　ひき算の
ひっ算を　学ぼう。

おわったら
シールを
はろう

きほんのワーク

教科書 115〜118ページ　答え 7ページ

きほん 1 くり下がりが 1回 ある ひき算が できますか。

⭐ 134−52の ひっ算の しかたを 考えましょう。

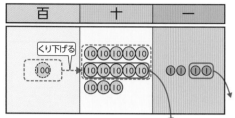

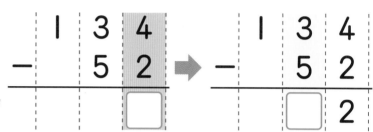

百のくらいから
十のくらいに
1 くり下げるよ。

① 一のくらいの 計算

$4-2=$ □

$134-52=$ □

ちゅうい
ひけない ときは、
上の くらいから 1
くり下げて ひきます。

② 十のくらいの 計算
13から 5なら ひけるので、
百のくらいの 1を くり下げる。

 $13-5=$ □

くらいを
そろえて
書こうね。

1 計算を しましょう。　　教科書 117ページ 1

①
```
  1 4 8
−   6 5
```

②
```
  1 2 6
−   7 3
```

③
```
  1 1 7
−   8 0
```

2 ひっ算で 計算しましょう。　　教科書 117ページ 1

① 156−76

② 103−91

③ 105−65

さんすうはかせ ラッキー7と いう ことばを 聞いた ことが あるかな？ 7は せかいの
いろいろな 国で 「聖なる 数字」と して 大切に されて いるんだって。

☆ 145−78の ひっ算の しかたを 考えましょう。

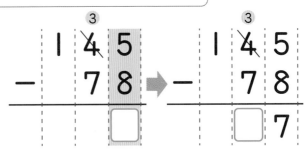

① 一のくらいの 計算

② 十のくらいの 計算

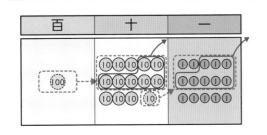
くり下げた あとの 数を 書いて おくと いいよ。

十のくらいから **1** くり下げて

1 くり下げたので **3**。
百のくらいの **1** を くり下げて

1 5−8=☐   **1** 3−7=☐

145−78=☐

3 ひっ算で 計算しましょう。

📖教科書 118ページ **2**

❶ 134−55   ❷ 161−97   ❸ 123−27

      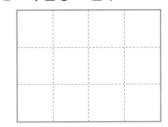

4 ひっ算で 計算しましょう。

📖教科書 118ページ **2**

❶ 130−46   ❷ 180−91   ❸ 140−68

5 さとしさんは カードを 125まい もって いました。今日、弟に 58まい あげました。カードは 何まい のこって いますか。

📖教科書 117ページ **2**

ひっ算

しき

答え (　　　　　　)

おうちのかたへ
百の位からくり下がりのあるひき算です。
ひけないときには、必ず上の位からくり下げることをおさえます。

45

③ ひき算の ひっ算 [その2]
④ 大きな 数の たし算と ひき算

もくひょう・
ひき算の 筆算や、
大きな 数の
計算を 学ぼう。

おわったら
シールを
はろう

きほんのワーク

教科書 118～121ページ　答え 7ページ

きほん ❶ 十のくらいの 数が 0の ひき算が できますか。

⭐ 103－67の ひっ算の
しかたを 考えましょう。

百	十	一

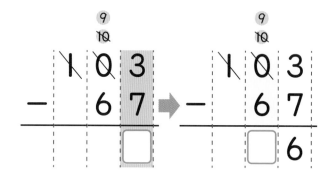

① 一のくらいの 計算

百のくらいから
じゅんに くり下げて

13－7＝ □

② 十のくらいの 計算

1 くり下げたので 9。

9－6＝ □

十のくらいが 0で
くり下げられない
ときは、
百のくらいから
じゅんに
くり下げるよ。

103－67＝ □

❶ 計算を しましょう。
教科書 119ページ ③
120ページ ④

①
```
  1 0 5
-   3 7
```

②
```
  1 0 4
-     5
```

③
```
  1 0 0
-   1 7
```

❷ ひっ算で 計算しましょう。
教科書 119ページ ③
120ページ ④

① 102－75

② 106－9

③ 100－86

さんすうはかせ ひき算の 答えを もとめたら、たしかめを しよう。103－67＝36を
たしかめるには 36＋67を 計算して 103に なれば いいね。

☆ つぎの 計算を ひっ算で しましょう。

❶ 329+43

```
  3 2 9        3 2 9
+   4 3   ➡  +   4 3
         □      □ □ 2
```

❷ 453−16

```
  4 5 3        4 5 3
−   1 6   ➡  −   1 6
         □      □ □ 7
```

百のくらいを
わすれずに 書こう。

3けたの 計算も
2けたの 計算と
同じように
計算すれば
いいね。

① 一のくらいの 計算

9+3= □

② 十のくらいの 計算

1+2+4= □

百のくらいは □

① 一のくらいの 計算

13−6= □

② 十のくらいの 計算

4−1= □

百のくらいは □

❸ ひっ算で 計算しましょう。

📖 教科書 121ページ 1

❶ 217+76

❷ 68+403

❸ 2+308

❹ 643−39

❺ 842−26

❻ 513−8

❹ おり紙が 482まい あります。56まい つかうと、
のこりは 何まいですか。

📖 教科書 121ページ

ひっ算

しき

答え (   )

おうちのかたへ （3けた）±（1けた・2けた）の筆算のしかたを学習します。
けた数が増えても、「基本がわかっていれば計算できる」という意識を持つことが大切です。

47

れんしゅうのワーク

できた 数

/15もん 中

おわったら
シールを
はろう

教科書 106～123ページ 答え 7 ページ

1 たし算と ひき算の ひっ算 ひっ算で 計算しましょう。

① 67+92

② 74+87

③ 39+62

④ 8+98

⑤ 128-34

⑥ 130-41

⑦ 104-7

⑧ 976+8

⑨ 798-49

2 たし算の 文しょうだい なわとびを 今日 84回、きのう 67回
とびました。合わせて 何回 とびましたか。

ひっ算

しき

答え (   )

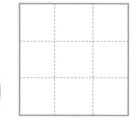

3 ひき算の 文しょうだい 図書室に 本が 756さつ ありました。27さつ
かりました。のこりは 何さつですか。

ひっ算

しき

答え (   )

できる ナビ たし算の ひっ算では、くり上がりの 数を、ひき算の ひっ算では、くり下がりの 数を
書いておこう。

まとめのテスト

時間 **20** 分

とく点　/100点

おわったら シールを はろう

教科書　106〜123ページ　　答え　8ページ

1 計算の まちがいを 見つけて、正しく 計算しましょう。　1つ8〔32点〕

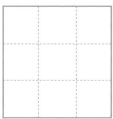

①
```
  7 8
+ 9 6
─────
1 8 4
```
➡

②
```
  4 9
+ 6 3
─────
1 0 2
```
➡

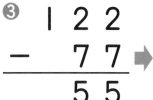  

③
```
1 2 2
-  7 7
─────
  5 5
```
➡

④
```
1 0 5
-  7 8
─────
  3 7
```
➡

2 くふうして 計算しましょう。　1つ8〔16点〕

① 45+67+23

② 22+59+18

3 ひっ算で 計算しましょう。　1つ8〔16点〕

① 308+74

② 463-25

4 よく出る 95円の けしゴムと 57円の 赤えんぴつを 買います。
合わせて 何円に なりますか。　1つ9〔18点〕

しき

答え（　　　　　）

5 よく出る 124ページの 本が あります。今日までに 79ページ
読みました。のこりは 何ページですか。　1つ9〔18点〕

しき

答え（　　　　　）

ふろくの 「計算れんしゅうノート」11〜17ページを やろう！

 チェック ☑

□ くり上がる たし算の ひっ算を まちがえずに できるかな？
□ くり下がる ひき算の ひっ算を まちがえずに できるかな？

① 三角形と 四角形

もくひょう
三角形と 四角形、
へんと ちょう点に
ついて 学ぼう。

おわったら
シールを
はろう

きほんのワーク

教科書　125〜128ページ　答え　8 ページ

きほん 1 　三角形と 四角形が わかりますか。

☆ ㋐、㋑の 形を 何と いいますか。

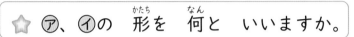

何本の
直線で
かこまれて
いるかな？

たいせつ

・ 3 本の 直線で かこまれた 形を、さんかくけい 三角形 と いいます。

・ 4 本の 直線で かこまれた 形を、しかくけい 四角形 と いいます。

㋐…　　　　　　　　　㋑…

3本だから 三角形
4本だから 四角形
5本だと 五角形に
なるのかな。

1 三角形と 四角形を 3つずつ えらんで、㋐〜㋛で 答えましょう。

教科書 128ページ 2

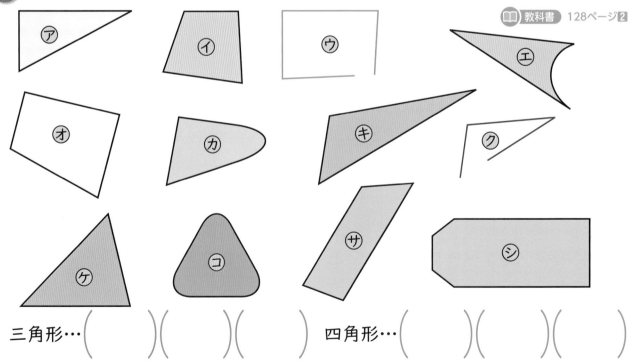

三角形…（　　）（　　）（　　）　　　　四角形…（　　）（　　）（　　）

さんすうはかせ　三角形は 3本の 直線で かこまれた 形、4本だと 四角形と いうよ。
同じように、16本なら 十六角形、20本なら 二十角形と いうんだ。

☆ 三角形、四角形には、へんと ちょう点が それぞれ いくつ ありますか。

たいせつ

・ 三角形や 四角形の まわりの

直線を へん と いい、

かどの 点を ちょう点 と

いいます。

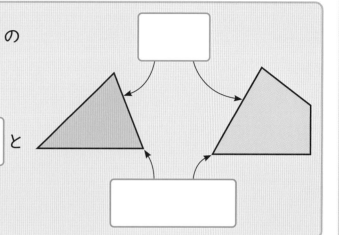

・ 三角形には へんが ☐つ、ちょう点が ☐つ あります。

・ 四角形には へんが ☐つ、ちょう点が ☐つ あります。

2 点と 点を 直線で むすんで、三角形と 四角形を それぞれ 2つ
かきましょう。

教科書 127ページ 1

. . . .

. . . .

. . . .

. . . .

. . . .

3 右の 形は 四角形と いえますか。 わけも せつめいしましょう。

教科書 128ページ 2

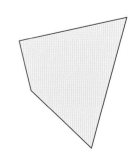

（ 　　　　　　　　　　　　　　　　 ）

おうちのかたへ 三角形と四角形を学習します。何本の直線で囲まれているかによって、呼び名がかわること
に着目します。五角形、六角形、…と図形の世界が広がることに興味を持ちましょう。

② 長方形と 正方形
③ 直角三角形　④ もようづくり

もくひょう
長方形、正方形、
直角三角形に
ついて 学ぼう。

おわったら
シールを
はろう

きほんのワーク

教科書　129〜134ページ　　答え　8 ページ

きほん 1 　長方形と 正方形が わかりますか。

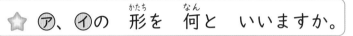

☆ ㋐、㋑の 形を 何と いいますか。

紙を おって
できる かどの
形を 直角と
いうよ。

たいせつ

・ かどが みんな 直角に なって いる
四角形を、　長方形　と いいます。

・ かどが みんな 直角で、へんの
長さが みんな 同じ 四角形を、
正方形　と いいます。

㋐… [　　　]　　㋑… [　　　]

1 直角を 2つ えらんで、㋐〜㋔で 答えましょう。　教科書 129ページ

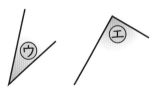

（　）（　）

2 長方形を 2つ えらんで、㋐〜㋔で 答えましょう。　教科書 130ページ

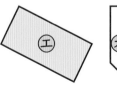

（　）（　）

3 正方形を 2つ えらんで、㋐〜㋔で 答えましょう。　教科書 131ページ 3

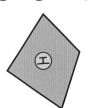

（　）（　）

さんすうはかせ コップや グラスの のみ口は どうして まるいのかな？ 四角や 三角の コップだと
のむ ときに 口の よこから 水が こぼれやすいよね。

☆ ⑦～①の なかで、直角三角形は どれと どれですか。

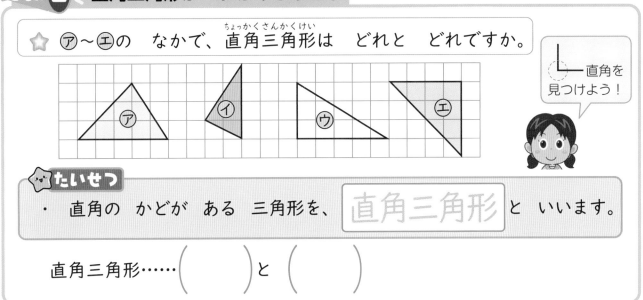

⌐ 直角を 見つけよう！

😊 **たいせつ**
・ 直角の かどが ある 三角形を、 直角三角形 と いいます。

直角三角形……(　　　) と (　　　)

4 下の 三角じょうぎを 2まい つかって できる 形は どれですか。
⑦～①から 2つ えらびましょう。 📖教科書 132ページ **2**

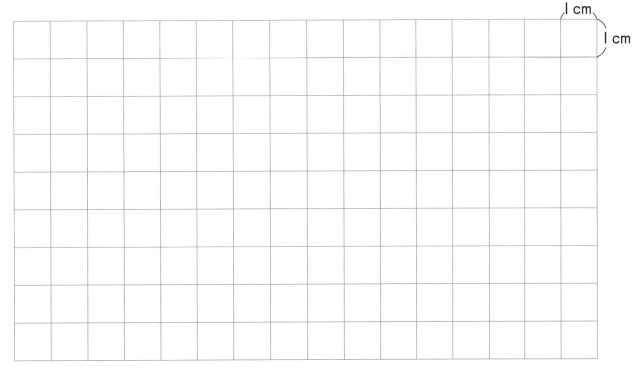

(　　　　　)

5 つぎの 形を ほうがんに かきましょう。 📖教科書 133ページ **2**

❶ 2つの へんの 長さが 2cmと 5cmの 長方形
❷ 1つの へんの 長さが 3cmの 正方形
❸ 直角に なる 2つの へんの 長さが 2cmと 4cmの 直角三角形

1cm
1cm

おうちのかたへ 直角の意味を知り、長方形、正方形、直角三角形を学習します。紙を折る、切る、…といった作業を行うことで、図形に親しみ、図形の性質を自然に体得したいものです。

れんしゅうのワーク

教科書 125〜136ページ　答え 8 ページ

できた 数

／12もん 中

1 へんと ちょう点　□に あてはまる ことばや 数を 書きましょう。

❶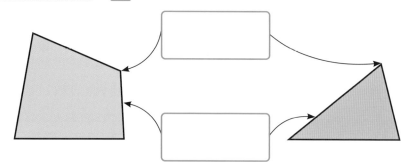

❷ 三角形には へんが □つ、ちょう点が □つ あります。

❸ 四角形には へんが □つ、ちょう点が □つ あります。

2 三角形　右の 形は 三角形と いえますか。
わけも せつめいしましょう。

（　　　　　　　　　　　　　　　）

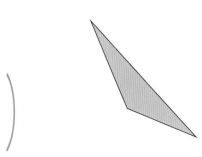

3 長方形　右の 四角形は 長方形です。
❶ 直角の かどに ○を かきましょう。
❷ まわりの 長さは 何cmですか。

（　　　　　　　）

4 cm

6 cm

4 正方形　右の 四角形は 正方形です。
❶ 直角の かどに ○を かきましょう。
❷ まわりの 長さは 何cmですか。

（　　　　　　　）

4 cm

チャレンジ ❸ 直線を 2本 ひいて、2つの 正方形と
2つの 長方形を つくりましょう。

できるナビ　長方形は かどが みんな 直角。
正方形は かどが みんな 直角で、へんの 長さが みんな 同じだね。

 まとめのテスト

とく点

／100点

おわったら シールを はろう

教科書 125〜136ページ 答え 8ページ

1 つぎの 形を 何と いいますか。

1つ10〔30点〕

① かどが みんな 直角に なって いる 四角形 （　　　　　）

② 直角の かどが ある 三角形 （　　　　　）

③ かどが みんな 直角で、へんの 長さが みんな 同じ 四角形 （　　　　　）

2 よく出る 正方形、直角三角形は どれですか。
⑦〜⑦で 答えましょう。

1つ10〔40点〕

正方形（　　　　）と（　　　　）　　直角三角形（　　　　）と（　　　　）

3 つぎの 形を ほうがんに かきましょう。

1つ10〔30点〕

① 2つの へんの 長さが 3cmと 4cmの 長方形
② 1つの へんの 長さが 2cmの 正方形
③ 直角に なる 2つの へんの 長さが 3cmと 5cmの 直角三角形

1cm

1cm

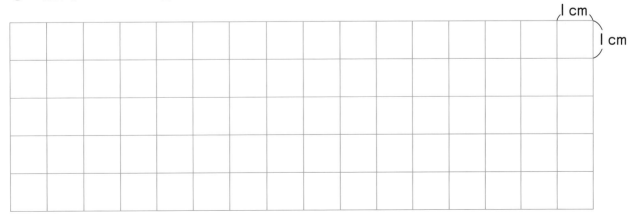

□ 三角形と 四角形、へんと ちょう点が わかったかな？
□ 長方形、正方形、直角三角形の とくちょうが わかったかな？

べんきょうした 日　　　　月　　日

もくひょう

かけ算の　しきの　あらわし方を　知ろう。

おわったら　シールを　はろう

① かけ算

きほんのワーク

教科書　137〜142ページ　　答え　9ページ

きほん **1** かけ算の　しきを　書く ことが　できますか。

☆ みかんは　ぜんぶで　何こ ありますか。
　□と　○に　あてはまる 数を　書きましょう。

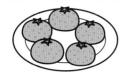 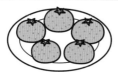  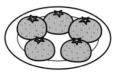

・ | さらに　**5** こずつ　◯ さら分で　**20**こです。

・ この ことを、しきで　**5 × 4 = 20**　と　書いて
　「5 かける 4　は　20」と　読みます。

・ このような　計算を　**かけ算**と　いいます。

　□ × ◯ = □

　　| つ分　　いくつ分　　ぜんぶの　数

・ 5×4の　答えは　5+5+5+□ =20で　もとめられます。

1 絵を 見て、ぜんぶの 数を もとめる しきを 書きましょう。

教科書 140ページ2

❶

| さらに　□ こずつ　◯ さら分 ある。

かけ算の　答えは、たし算で もとめられるね。

しき　□ × ◯ = □

❷

しき　□ × ◯ = □

さんすうはかせ 「×」の 記ごうは イギリスの 数学しゃ オートレッドが つかいはじめたと いわれて いるよ。キリスト教の 十字かを ななめに したとも いわれて いるんだ。

2 クッキーが 7まいずつ 入った ふくろが 3ふくろ あります。
クッキーは ぜんぶで 何まいですか。 教科書 140ページ2

① クッキーの 数を もとめる しきを
書きましょう。

$$\boxed{} \times \boxed{}$$

② 答えを もとめましょう。

$$7 \times 3 \rightarrow 7 + 7 + \boxed{} = \boxed{} \qquad 答え \boxed{} まい$$

3 かけ算の しきを 書いて、答えを たし算で もとめましょう。

教科書 141ページ2

① 🥐🥐🥐🥐 の 3つ分 $\boxed{} \times \boxed{} = \boxed{}$

② 🍩🍩🍩 の 6つ分 $\boxed{} \times \boxed{} = \boxed{}$

③ 🍪🍪🍪🍪🍪🍪 の 4つ分 $\boxed{} \times \boxed{} = \boxed{}$

④ 🥤🥤 の 7つ分 $\boxed{} \times \boxed{} = \boxed{}$

⑤ 🍎🍎🍎🍎🍎 の 5つ分 $\boxed{} \times \boxed{} = \boxed{}$

4 下の おはじきの 数を もとめる かけ算は どれですか。線で
むすびましょう。

教科書 142ページ3

① ・ ・ 5×2

② ・ ・ 4×2

③ ・ ・ 2×6

④ ・ ・ 3×4

おうちのかたへ　かけ算の式の表し方を覚えます。
（１つ分）×（いくつ分）＝（全部の数）になることをしっかりとおさえましょう。

② 九九 [その1]

もくひょう・
2のだんと
5のだんの 九九を
おぼえよう。

おわったら
シールを
はろう

教科書 143～146ページ 答え 9 ページ

きほん 1 2のだんの 九九を おぼえましたか。

☆ かけ算の しきに 書きましょう。

 の 5さら分

□ × □ = □

1つ分 いくつ分 ぜんぶの 数

2のだんでは、

答えが じゅんに □ ずつ

ふえて いきます。

声に
出して
おぼえよう。

2のだんの 九九

2×1＝ 2	にいち 二一が	2
2×2＝ 4	に にん 二二が	4
2×3＝ 6	に さん 二三が	ろく 6
2×4＝ 8	に し 二四が	はち 8
2×5＝10	に ご 二五	じゅう 10
2×6＝12	に ろく 二六	じゅうに 12
2×7＝14	に しち 二七	じゅうし 14
2×8＝16	に はち 二八	じゅうろく 16
2×9＝18	に く 二九	じゅうはち 18

1 計算を しましょう。

📖 教科書 143ページ **1**

① 2×4   ② 2×3   ③ 2×9

④ 2×8   ⑤ 2×1   ⑥ 2×5

⑦ 2×2   ⑧ 2×7   ⑨ 2×6

2 すしを 1人 2こずつ 食べました。9人では 何こ 食べましたか。

📖 教科書 144ページ **1** **2**

しき

答え (   )

3 せんべいを 1人に 2まいずつ くばります。7人に くばるには、
せんべいは 何まい いりますか。

📖 教科書 144ページ **1** **2**

しき

答え (   )

 九九には 「二二が 4」のように、間に 「が」を 入れる ときと 入れない ときが
あるよね。「が」を 入れるのは 答えが 1けたの ときだよ。

⭐ かけ算の しきに 書きましょう。

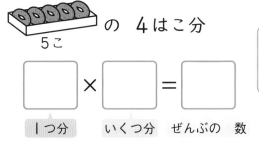

の 4はこ分

5こ

□ × □ = □

1つ分　いくつ分　ぜんぶの 数

5のだんでは、

答えが じゅんに □ ずつ

ふえて いきます。

声に
出して
おぼえよう。

5のだんの 九九

5×1= 5	五一が ごいち	5 ご
5×2= 10	五二 ごに	10 じゅう
5×3= 15	五三 ごさん	15 じゅうご
5×4= 20	五四 ごし	20 にじゅう
5×5= 25	五五 ごご	25 にじゅうご
5×6= 30	五六 ごろく	30 さんじゅう
5×7= 35	五七 ごしち	35 さんじゅうご
5×8= 40	五八 ごは	40 しじゅう
5×9= 45	五九 ごっく	45 しじゅうご

4 計算を しましょう。　　　　　📖 教科書 145ページ **2**

① 5×4　　　② 5×5　　　③ 5×1

④ 5×9　　　⑤ 5×2　　　⑥ 5×7

⑦ 5×3　　　⑧ 5×8　　　⑨ 5×6

5 ドーナツが 1はこに 5こずつ 入って います。3はこ分では
ドーナツは ぜんぶで 何こに なりますか。　　📖 教科書 146ページ **3**

しき　　　　　　　　　　　答え（　　　　　　　　　）

6 チョコレートを 1人に 5こずつ くばります。6人に くばるには、
チョコレートは 何こ いりますか。　　📖 教科書 146ページ **3**

しき　　　　　　　　　　　答え（　　　　　　　　　）

7 かん字の 書きとりを 1日に 5こずつ します。8日間では、何こ
できますか。　　📖 教科書 146ページ **3**

しき　　　　　　　　　　　答え（　　　　　　　　　）

おうちのかたへ　2の段と5の段の九九を学習します。
かけ算九九は、できるだけ声に出してくり返し練習してください。

もくひょう
3のだんと
4のだんの 九九を
おぼえよう。

おわったら
シールを
はろう

② 九九 [その2]

きほんのワーク

教科書 147〜150ページ　答え 9ページ

教科書 147〜150ページ　答え 9ページ

きほん **1** 　3のだんの 九九を おぼえましたか。

☆ かけ算の しきに 書きましょう。

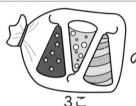 の 5つ分

3こ

□ × □ = □

1つ分　いくつ分　ぜんぶの 数

3×5の しきで

3を かけられる数 と いい、

5を かける数 と いいます。

声に
出して
おぼえよう。

3のだんの 九九

3×1= 3	三一が 3
3×2= 6	三二が 6
3×3= 9	三三が 9
3×4= 12	三四 12
3×5= 15	三五 15
3×6= 18	三六 18
3×7= 21	三七 21
3×8= 24	三八 24
3×9= 27	三九 27

1 計算を しましょう。

教科書 147ページ 3

① 3×8　　　② 3×1　　　③ 3×6

④ 3×2　　　⑤ 3×4　　　⑥ 3×9

⑦ 3×7　　　⑧ 3×3　　　⑨ 3×5

2 えんぴつを 1人に 3本ずつ 6人に くばります。

教科書 148ページ 5 6

① えんぴつは ぜんぶで 何本 いりますか。

しき　　　　　　　　　　　　　答え (　　　　　　　)

② 1人 ふえて、7人に くばる ことに しました。えんぴつは
ぜんぶで 何本 いりますか。

しき　　　　　　　　　　　　　答え (　　　　　　　)

 九九は 中国から つたえられたよ。中国から つたわった ときに 「九九 81」から
じゅんに となえたから 「九九」と いわれるように なったんだ。

☆ かけ算の　しきに　書きましょう。

の　3グループ分

4人

□ × □ = □

1つ分　いくつ分　ぜんぶの　数

4のだんでは、
かける数が　1　ふえると、
答えは　□　ふえます。

声に
出して
おぼえよう。

4のだんの　九九

4×1= 4	四一が	4
4×2= 8	四二が	8
4×3= 12	四三	12
4×4= 16	四四	16
4×5= 20	四五	20
4×6= 24	四六	24
4×7= 28	四七	28
4×8= 32	四八	32
4×9= 36	四九	36

3 かけ算を　しましょう。　　　　　　📖教科書　149ページ4

① 4×3　　　② 4×5　　　③ 4×8

④ 4×6　　　⑤ 4×2　　　⑥ 4×9

⑦ 4×4　　　⑧ 4×7　　　⑨ 4×1

4 1はこに　ケーキを　4こずつ　入れます。5はこ分では、ケーキは
ぜんぶで　何こ　いりますか。　　　　　📖教科書　150ページ8

しき

答え（　　　　　　）

5 あめが　入った　ふくろが　3ふくろ　あります。あめは　1ふくろに
4こ　入って　います。あめは　ぜんぶで　何こ　ありますか。

📖教科書　150ページ9

しき

答え（　　　　　　）

6 □に　あてはまる　数を　書きましょう。　　📖教科書　150ページ10

① 4×7の　答えは、4×□の　答えより　4　ふえます。

② 4×□の　答えは、4×8の　答えより　4　ふえます。

おうちのかたへ　　3の段、4の段の九九の学習を通して、かける数が1増えると、答えはかけられる数だけ
増えることを学びます。また、「1つ分」は何かをきちんととらえるようにします。

③ ばいと かけ算

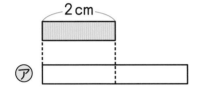

きほんのワーク

もくひょう・

ばいに ついて
考えよう。

おわったら
シールを
はろう

教科書 151〜152ページ 答え 9 ページ

きほん **1** ばいの 長さが わかりますか。

☆ 2cmの テープが あります。⑦、⑥の テープの 長さは
それぞれ 何cmですか。

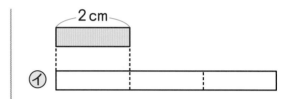

2cm

⑦

2cmの 2つ分の 長さ

□ × □ = □ （cm）

2cm

⑥

2cmの 3つ分の 長さ

□ × □ = □ （cm）

・ 2つ分、3つ分の ことを 2ばい 、 3ばい と いいます。

・ 1つ分は 1ばいです。

ばいの 数は かけ算で
もとめられるんだね。

1 5cmの 3ばい、4ばいの 長さを、かけ算で もとめましょう。

教科書 151ページ **1**

▶5cmの 3ばいの 長さ □ × □ = □ （cm）

▶5cmの 4ばいの 長さ □ × □ = □ （cm）

2 こはるさんは クッキーを 4まい もって います。お兄さんは
こはるさんの 8ばいの クッキーを もって います。お兄さんの
もって いる クッキーは 何まいですか。

教科書 152ページ **2**

しき

答え（　　　　　）

 おうちのかたへ 倍の数は、かけ算で求められることを学びます。
「何倍」が「いくつ分」と同じであることを理解しましょう。

まとめのテスト

時間 **20**分

とく点　/100点

おわったら シールを はろう

---

1 □に あてはまる ことばや 数を 書きましょう。　1つ4〔12点〕

① 2×3の しきで、2を ＿＿＿＿＿＿数、3を ＿＿＿＿＿＿数と いいます。

② 3のだんでは、かける数が 1 ふえると、答えは □ ふえます。

2 よく出る 計算を しましょう。　1つ4〔36点〕

① 4×6　　② 3×8　　③ 2×6

④ 5×2　　⑤ 2×4　　⑥ 3×1

⑦ 4×8　　⑧ 5×9　　⑨ 4×7

3 ぜんぶの 数を かけ算で もとめましょう。　1つ5〔20点〕

①  しき　　答え（　　　　）

②  しき　　答え（　　　　）

4 答えが 同じに なる カードを 線で むすびましょう。　1つ5〔20点〕

2×9	5×3	4×4	4×5

2×8	3×6	5×4	3×5

5 3dLの 7ばいの かさは 何dLですか。　1つ6〔12点〕

しき　　　　答え（　　　　）

 □5、2、3、4のだんの 九九を ぜんぶ いえるかな？
□かけ算の しきを 書く ことが できるかな？

① かけ算九九づくり [その1]

きほんのワーク

きほん 1　6のだんの 九九を つくる ことが できますか。

☆ 6のだんの 九九を、くふうして つくりましょう。

6×1　6×2　6×3

$6×1=6$

6 ふえる

$6×2=12$ ‥‥‥‥‥‥ $6+6$

6 ふえる

$6×3=18$ ‥‥‥‥‥‥ $12+6$

6 ふえる

$6×4=\boxed{}$ ‥‥‥‥‥ $18+6$

⋮　　　　　　　⋮

$6×1=\boxed{}$

$6×2=\boxed{}$

$6×3=\boxed{}$

$6×4=\boxed{}$

$6×5=\boxed{}$

$6×6=\boxed{}$

$6×7=\boxed{}$

$6×8=\boxed{}$

$6×9=\boxed{}$

声に 出して おぼえよう。

6のだんの 九九

ろくいち 六一が	ろく 6
ろく に 六二	じゅうに 12
ろくさん 六三	じゅうはち 18
ろく し 六四	にじゅうし 24
ろく ご 六五	さんじゅう 30
ろくろく 六六	さんじゅうろく 36
ろくしち 六七	しじゅうに 42
ろく は 六八	しじゅうはち 48
ろっ く 六九	ごじゅうし 54

1 6cmの 8ばいの 長さは 何cmですか。　📖教科書 158ページ 2

6cm

しき

答え（　　　　　　　）

2 子どもが 7人 います。えんぴつを 1人に
6本ずつ くばると、何本 いりますか。　📖教科書 158ページ 2

しき

答え（　　　　　　　）

さんすうはかせ　6のだんでは、6×7、7のだんでは、7×6が とくに まちがえやすいよ。
7(しち)は 4(し)と はつ音が にて いるから、ちゅういして おぼえよう。

☆ 7のだんの 九九を、くふうして つくりましょう。

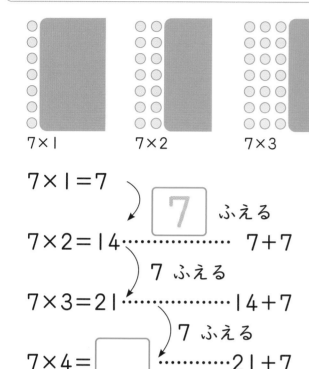

7×1
7×2
7×3

$7×1=7$

7 ふえる

$7×2=14$ ……………… 7+7

7 ふえる

$7×3=21$ ……………… 14+7

7 ふえる

$7×4=\boxed{}$ ……………… 21+7
⋮

$7×1=\boxed{}$

$7×2=\boxed{}$

$7×3=\boxed{}$

$7×4=\boxed{}$

$7×5=\boxed{}$

$7×6=\boxed{}$

$7×7=\boxed{}$

$7×8=\boxed{}$

$7×9=\boxed{}$

声に 出して
おぼえよう。

7のだんの 九九

しちいち 七一が	しち 7
しちに 七二	じゅうし 14
しちさん 七三	にじゅういち 21
しちし 七四	にじゅうはち 28
しちご 七五	さんじゅうご 35
しちろく 七六	しじゅうに 42
しちしち 七七	しじゅうく 49
しちは 七八	ごじゅうろく 56
しちく 七九	ろくじゅうさん 63

3 1週間は 7日です。3週間は 何日ですか。　📖教科書 160ページ 5

しき

答え（　　　　　　　）

日	月	火	水	木	金	土
1	2	3	4	5	6	7
8	9	10	11	12	13	14
15	16	17				

4 □に あてはまる 数や ことばを 書きましょう。　📖教科書 159ページ 2

7×4と 4×$\boxed{}$の 答えは $\boxed{同じ}$です。

5 1つの 長いすに 7人の 子どもが すわれます。長いすが 9つ
あると、みんなで 何人 すわれますか。　📖教科書 160ページ 5

しき　　　　　　　　　　　　　　　　　答え（　　　　　　）

6 子どもが 6人 います。色紙を 1人に 7まいずつ
くばります。色紙は ぜんぶで 何まい いりますか。　📖教科書 160ページ 5

しき　　　　　　　　　　　　　　　　　答え（　　　　　　）

おうちのかたへ　6の段、7の段の九九を学習します。多くの2年生が7の段の九九につまずきます。
声に出して何度も言うことで、自然に身につけましょう。

65

① かけ算九九づくり [その2]

きほんのワーク

教科書 161〜163ページ　答え 10ページ

きほん 1 8のだん、9のだんの 九九を つくる ことが できますか。

☆ 8のだん、9のだんの 九九を つくりましょう。

8×1 = ☐

8×2 = ☐

8×3 = ☐

8×4 = ☐

8×5 = ☐

8×6 = ☐

8×7 = ☐

8×8 = ☐

8×9 = ☐

8のだんの 九九

はちいち 八一が	はち 8
はちに 八二	じゅうろく 16
はちさん 八三	にじゅうし 24
はちし 八四	さんじゅうに 32
はちご 八五	しじゅう 40
はちろく 八六	しじゅうはち 48
はちしち 八七	ごじゅうろく 56
はっぱ 八八	ろくじゅうし 64
はっく 八九	しちじゅうに 72

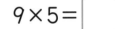

声に出しておぼえよう。

9×1 = ☐

9×2 = ☐

9×3 = ☐

9×4 = ☐

9×5 = ☐

9×6 = ☐

9×7 = ☐

9×8 = ☐

9×9 = ☐

9のだんの 九九

くいち 九一が	く 9
くに 九二	じゅうはち 18
くさん 九三	にじゅうしち 27
くし 九四	さんじゅうろく 36
くご 九五	しじゅうご 45
くろく 九六	ごじゅうし 54
くしち 九七	ろくじゅうさん 63
くは 九八	しちじゅうに 72
くく 九九	はちじゅういち 81

1 8cmの テープの 5ばいの 長さは 何cmですか。　教科書 161ページ

┌─8cm─┐
[テープの図]

しき　　　　　　　　　　　　　　　答え（　　　　　　　　）

2 ☐に 数を 入れて、●、②の しきに なる もんだいを つくりましょう。

● 8×9　　　　　　　　　　② 9×8　　　教科書 161〜162ページ

おかしが ☐ こずつ 入っている はこが ☐ はこ あります。おかしは ぜんぶで 何こ ありますか。

はこが ☐ はこ あります。1はこに おかしを ☐ こずつ 入れるには、おかしは ぜんぶで 何こ いりますか。

さんすうはかせ　9のだんの 九九の 答えは、一のくらいの 数と 十のくらいの 数を たすと、ぜんぶ 9に なるよ。9、1+8=9、2+7=9、3+6=9、… たしかめて みよう。

☆ いちごと プリンの 数(かず)を しらべましょう。

❶ いちごの 数を もとめる
しきを 書(か)きましょう。

しき 2×4＝□

答え 8こ

❷ プリンの 数を もとめる
しきを 書きましょう。

しき □×4＝□

答え 4こ

１のだんの 九九だね。

１×１＝□
１×２＝□
１×３＝□
１×４＝□
１×５＝□
１×６＝□
１×７＝□
１×８＝□
１×９＝□

声に 出して
おぼえよう。

１のだんの 九九

いんいち 一一が	いち １
いんに 一二が	に ２
いんさん 一三が	さん ３
いんし 一四が	し ４
いんご 一五が	ご ５
いんろく 一六が	ろく ６
いんしち 一七が	しち ７
いんはち 一八が	はち ８
いんく 一九が	く ９

❸  と と 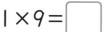 の 数を かけ算(ざん)で もとめましょう。

📖教科書 163ページ 5 10

❶ ／ は 何(なん)こ ありますか。

しき　　　　　　　　　　　　　答え（　　　　　　）

❷ は 何こ ありますか。

しき　　　　　　　　　　　　　答え（　　　　　　）

❸ は 何こ ありますか。

しき　　　　　　　　　　　　　答え（　　　　　　）

❹ ゆりさんは １週間(しゅうかん)に １さつずつ 本を 読(よ)んで います。6週間では、
何さつ 読む ことに なりますか。

📖教科書 163ページ 5 10

しき　　　　　　　　　　　　　答え（　　　　　　）

おうちのかたへ　8の段、9の段、1の段の九九を学習します。8の段、9の段の九九は覚えにくいので、
何度も練習しましょう。1の段の意味もしっかりおさえましょう。

れんしゅうのワーク

できた 数

/38もん 中

おわったら
シールを
はろう

1 九九の きまり □に あてはまる 数を 書きましょう。

8のだんの 九九は、

$8 \times 1 = \boxed{}$ 、$8 \times 2 = \boxed{}$ 、$8 \times 3 = \boxed{}$ 、……

のように、答えが $\boxed{}$ ずつ ふえて いきます。

2 九九の れんしゅう まん中の 数に まわりの 数を かけましょう。

① 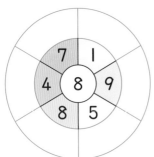　② 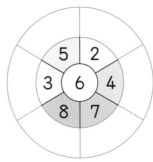　③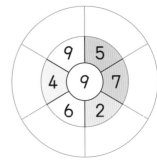

④ 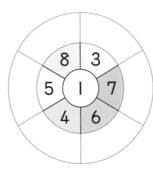　⑤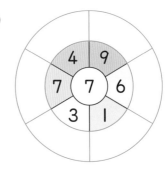

3 もんだいづくり つぎの 2人の つくった もんだいは、5×7と 7×5の
どちらの しきで もとめれば よいですか。

5つの ふくろに クッキーが
7こずつ 入って います。
クッキーは 何こ ありますか。

クッキーを 1人に 7こずつ
5人に くばります。
クッキーは 何こ いりますか。

ゆうと　$\boxed{} \times \boxed{}$

あやの　$\boxed{} \times \boxed{}$

できるナビ　かけ算では、かける数が 1 ふえると、答えは かけられる数だけ ふえるんだね！

まとめのテスト

時間 **20** 分

とく点

/100点

おわったら
シールを
はろう

教科書 156～165ページ 答え 10ページ

1 よく出る 計算を しましょう。 1つ5〔45点〕

① 6×7　　　② 8×6　　　③ 7×8

④ 1×4　　　⑤ 6×9　　　⑥ 9×9

⑦ 7×3　　　⑧ 9×4　　　⑨ 8×5

2 □に あてはまる 数を 書きましょう。 1つ5〔10点〕

① 6×9の 答えは、6×8の 答えより □ ふえます。

② 9×□ の 答えは、9×6の 答えより 9 ふえます。

3 1まい 7円の 画用紙を 5まい 買います。ぜんぶで 何円ですか。

1つ5〔10点〕

しき

答え（　　　　）

4 えんぴつを 6本ずつ 8人に くばります。 1つ5〔15点〕

① えんぴつは ぜんぶで 何本 いりますか。

しき

答え（　　　　）

② 1人 ふえて、9人に くばる ことに なりました。えんぴつは あと
何本 いりますか。

（　　　　）

5 お楽しみ会で、1人に おかしを 3こと、ジュースを 1本 くばります。
8人分では、おかしと ジュースは、それぞれ いくつ いりますか。

1つ5〔20点〕

しき

おかし

ジュース

答え（ おかし　　こ ）（ ジュース　　本 ）

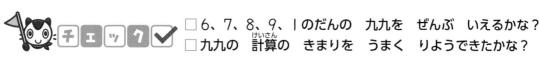

□ 6、7、8、9、1のだんの 九九を ぜんぶ いえるかな？
□ 九九の 計算の きまりを うまく りようできたかな？

ふろくの 「計算れんしゅうノート」20～24ページを やろう！

① 長い ものの 長さの あらわし方

きほんのワーク

もくひょう・
長い ものの 長さを あらわす たんいの メートルを 知ろう。

おわったら シールを はろう

教科書 170〜175ページ　答え 10ページ

きほん 1 m(メートル)の たんいが わかりますか。

☆ テープの 長さは どれだけですか。

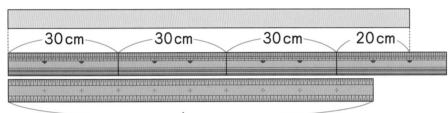

長い ものの 長さは メートル(m)で あらわすと いいね。

❶ テープの 長さは、30cmの ものさし ☐つ分と、

あと 20cmだから、☐cmです。

❷ 110cmは、1mの ものさし 1つ分と

10cmだから、☐m☐cmです。

1m＝100cm

1 せの 高さを あらわしましょう。

📖 教科書 173ページ 3

❶ 何m何cmですか。 （　　　　　）

❷ 何cmですか。 （　　　　　）

28cm
1m

2 ☐に あてはまる 数を 書きましょう。

📖 教科書 173ページ 4

❶ 300cm＝☐m

❷ 9m＝☐cm

❸ 4m50cm＝☐cm

❹ 409cm＝☐m☐cm

3 リビングの よこの 長さを はかったら、1mの ものさしで ちょうど 6つ分でした。リビングの よこの 長さは 何mですか。また、何cmですか。

📖 教科書 171ページ1
173ページ2

☐m、☐cm

さんすうはかせ メートルと いう 名前は、ギリシャの 国の 「ものさし」や 「はかる こと」と いう ことばから きて いるよ。かん字で 書くと 「米」に なるよ。

☆ テープを 2つに 切ったら、下の ような 長さに なりました。

70cm 50cm

70+50の
たし算だね。

❶ もとの テープの 長さは 何cmですか。

しき ☐ cm+ ☐ cm= ☐ cm

答え ☐ cm

❷ もとの テープの 長さは 何m何cmですか。

☐ m ☐ cm

4 1m20cmの テープと 80cmの テープが あります。
長さの ちがいは、何cmですか。

📖 教科書 175ページ

1m20cm 80cm

しき ☐ m ☐ cm− ☐ cm= ☐ cm

答え ☐ cm

5 計算を しましょう。

📖 教科書 175ページ 5

❶ 50cm+80cm ❷ 90cm+30cm

❸ 1m40cm−60cm ❹ 1m20cm−70cm

❺ 1m80cm+10cm ❻ 40cm+1m35cm

おうちのかたへ　cm、mmに続き、mの単位を学びます。1mという長さを確かめておくことで、
長さに対する量感を養います。身のまわりにあるもので確かめておきましょう。

れんしゅうのワーク

教科書 170〜176ページ　答え 10ページ

できた 数
/9 もん 中

おわったら
シールを
はろう

1 長さの たんい （　）に あてはまる たんいを 書きましょう。

① こくばんの よこの 長さ ………………………… 3（　　）

② くつの 長さ ………………………………………… 20（　　）

③ テントウムシの 体の 長さ …………………… 8（　　）

2 長さの たんい □に あてはまる 数を 書きましょう。

① 100cm = □ m

② 3m7cm = □ cm

3 長さの 計算　4人の なわとびの 長さを くらべます。だいきさんの
なわとびの 長さは 1m80cmでした。

① ほかの 3人の なわとびの 長さは 何m何cmですか。

 ぼくのは だいきさんの なわとびより
10cm 長かったです。

（　　　　　　　　）

 わたしのは だいきさんの なわとびより
20cm みじかかったです。

（　　　　　　　　）

 わたしのは だいきさんの なわとびより
15cm 長かったです。

（　　　　　　　　）

② 長い じゅんに、（　）に 名前を 書きましょう。

（　　　　→　　　　　　→　　　　　　→　　　　）

できるナビ　長さを たしたり ひいたり する ときは、同じ たんいの 数どうしを たしたり
ひいたり すれば いいんだね！

まとめのテスト

時間 **20**分

とく点 ／100点

おわったら シールを はろう

教科書 170〜176ページ 答え 10ページ

1 よく出る 左はしから ㋐、㋑、㋒までの 長さは それぞれ どれだけですか。

1つ5〔15点〕

1 m

㋐ ☐ cm ㋑ ☐ cm ㋒ ☐ cm

2 ☐に あてはまる 数を 書きましょう。

1つ5〔55点〕

① 1mの 3つ分の 長さは ☐ m、8つ分の 長さは ☐ mです。

② 2mと 50cmを 合わせると、☐ m ☐ cmで、☐ cmです。

③ 106cmは ☐ m ☐ cm、1m60cmは ☐ cmです。

④ 1m40cmより 45cm 長い 長さは ☐ m ☐ cmです。

また、1m40cmより 35cm みじかい 長さは ☐ cmです。

3 計算を しましょう。

1つ6〔12点〕

① 70cm＋80cm

② 1m30cm−90cm

4 （ ）に あてはまる たんいを 書きましょう。

1つ6〔18点〕

① 教科書の あつさ ………………… 8（ ）

② えんぴつの 長さ …………………16（ ）

③ ろうかの はば ………………… 4（ ）

どの たんいが ぴったりかな。

ふろくの 「計算れんしゅうノート」27ページを やろう!

 チェック ✓
☐mと cmの かんけいが わかったかな?
☐mや cmで、長さを あらわす ことが できるかな?

① **大きな 数の あらわし方** [その1]

もくひょう
1000より 大きい 数の 書き方や あらわし方を 学ぼう。

おわったら シールを はろう

きほんのワーク

教科書 180〜183ページ　答え 11ページ

きほん **1** 1000より 大きい 数の 書き方が わかりますか。

☆ 二千四百三十五を 数字で 書きましょう。

千のくらい	百のくらい	十のくらい	一のくらい
2			

二千四百三十五は、[　　　] と 書きます。

2435の 千のくらいの 数字は [　]、百のくらいの 数字は [　]、

十のくらいの 数字は [　]、一のくらいの 数字は [　] です。

1 つぎの 数を 数字で 書きましょう。また、[　]に あてはまる 数を 書きましょう。

教科書 183ページ **2**

❶

千のくらい	百のくらい	十のくらい	一のくらい

とちゅうの くらいに 0が ある 数だね。

（　　　　　　　）

❷

千のくらい	百のくらい	十のくらい	一のくらい

（　　　　　　　）

さんすうはかせ　日本の 数の 数え方は、一、十、百、千、万までは 10ばいで 名前が かわるよ。でも、万より 大きく なると 1万ばいごとに 新しい 名前が つくんだ。

☆ □に あてはまる 数を 書きましょう。

❶ 1000を 3こ、100を 2こ、1を 1こ 合(あ)わせた 数は、

□ です。

❷ 6035は、1000を □こ、10を □こ、1を □こ

合わせた 数です。

2 紙(かみ)の 数を 数字で 書きましょう。　📖教科書 183ページ**2**

（　　　　　　　）

3 つぎの 数を 読(よ)みましょう。　📖教科書 183ページ**5**

❶ 1961　　　　❷ 3094　　　　❸ 7003

（　　　　）　（　　　　）　（　　　　）

4 つぎの 数を 数字で 書きましょう。　📖教科書 183ページ**7**

❶ 千四百二十九　　　❷ 八千　　　❸ 六千五

（　　　　）　（　　　　）　（　　　　）

5 □に あてはまる 数を 書きましょう。　📖教科書 182〜183ページ

❶ 1000を 7こ、100を 2こ、10を 4こ、1を 6こ 合わせた

数は、□ です。

❷ 3060は、1000を □こ、10を □こ 合わせた 数です。

❸ 千のくらいが 4、百のくらいが 5、十のくらいが 8、一のくらいが

9の 数は、□ です。

❹ 千のくらいが 2、百のくらいが 0、十のくらいが 3、一のくらいが

8の 数は、□ です。

① 大きな 数の あらわし方 [その2]

もくひょう
1000より 大きい 数を 100の まとまりで 考えよう。

おわったら シールを はろう

きほんのワーク

教科書 184〜185ページ　答え 11ページ

きほん 1 100を 17こ あつめた 数が わかりますか。

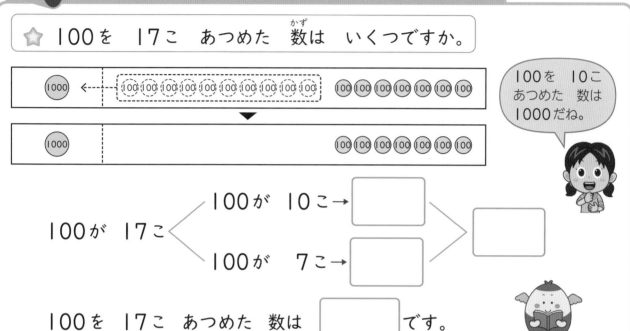

☆ 100を 17こ あつめた 数は いくつですか。

100を 10こ あつめた 数は 1000だね。

100が 17こ ❬ 100が 10こ → ☐ ❭ ☐
　　　　　　　 100が 7こ → ☐

100を 17こ あつめた 数は ☐ です。

1 ☐に あてはまる 数を 書きましょう。　　教科書 184ページ 3

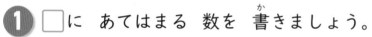 

10が 170こ ❬ 10が 100こ → ☐ ❭ ☐
　　　　　　　 10が 70こ → ☐

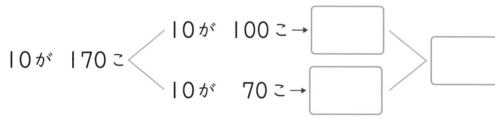

2 つぎの 数を 数字で 書きましょう。　　教科書 184ページ 9

❶ 100を 28こ あつめた 数　　（　　　　　）

❷ 100を 60こ あつめた 数　　（　　　　　）

❸ 100を 19こ あつめた 数　　（　　　　　）

❹ 100を 70こ あつめた 数　　（　　　　　）

さんすうはかせ　1万の 1万ばいが 億、1億の 1万ばいが 兆。億や 兆も 聞いた ことが あるかな。兆の 上の くらいは、京、垓、…、不可思議、無量大数と つづくよ。

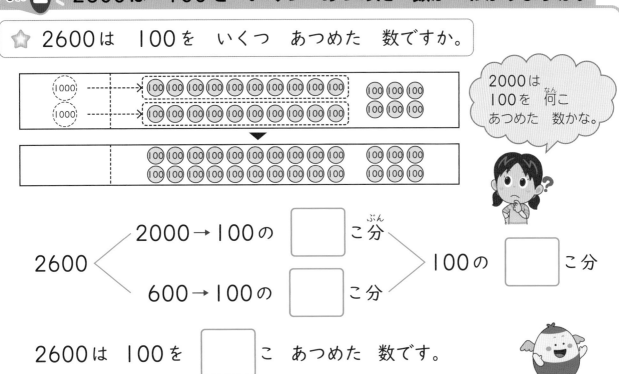

☆ 2600は 100を いくつ あつめた 数ですか。

2000は 100を 何こ あつめた 数かな。

2600 < 2000→100の [ ]こ分 / 600→100の [ ]こ分 > 100の [ ]こ分

2600は 100を [ ]こ あつめた 数です。

3 2600は 10を いくつ あつめた 数ですか。□に あてはまる 数を 書きましょう。 📖 **教科書** 185ページ **4**

2600 < 2000→10の [ ]こ分 / 600→10の [ ]こ分 > 10の [ ]こ分

4 □に あてはまる 数を 書きましょう。 📖 **教科書** 185ページ **10**

① 7900は、100を [ ]こ あつめた 数です。

② 1300は、100を [ ]こ あつめた 数です。

③ 4000は、100を [ ]こ あつめた 数です。

何千と 何百に 分けて 考えよう。

④ 6300は、100を [ ]こ あつめた 数です。

おうちのかたへ　「100のまとまりがいくつあるか」で考えます。
100円玉におきかえて考えるとわかりやすいと感じるお子さんも多いようです。

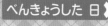

① **大きな 数の あらわし方** [その3]
② **一万**

もくひょう・
数の線の 読み方や、
10000と いう
数を 知ろう。

おわったら
シールを
はろう

きほんのワーク

教科書 186〜189ページ　答え 11ページ

きほん 1 数の線の 読み方が わかりますか。

☆ 下の 数の線を 見て 答えましょう。

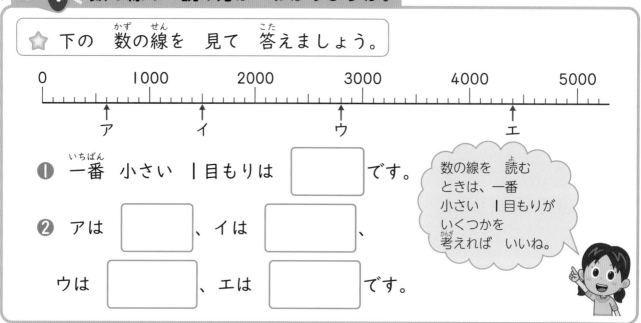

❶ 一番 小さい 1目もりは [ ] です。

❷ アは [ ]、イは [ ]、

ウは [ ]、エは [ ] です。

数の線を 読む
ときは、一番
小さい 1目もりが
いくつかを
考えれば いいね。

1 [ ] に あてはまる 数を 書きましょう。　📖教科書 186ページ 5

❶
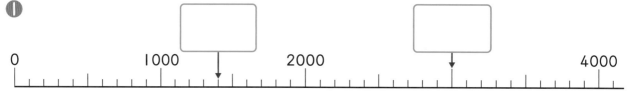

❷

2 [ ] に あてはまる ＞か ＜を 書きましょう。　📖教科書 186ページ 12

❶ 5749 [ ] 5694

千	百	十	一
5	7	4	9
5	6	9	4

❷ 7945 [ ] 7954

千	百	十	一
7	9	4	5
7	9	5	4

数の 大きさを
くらべる ときは、
上の くらいから
じゅんに くらべて
いくんだね。

数の線の ことを 「数直線」とも いうよ。数は 数直線の 上に あらわすことが
できるんだ。数直線では 右に いくほど 数が 大きく なって いくよ。

3 3700に ついて、□に あてはまる 数を 書きましょう。

教科書 187ページ 7

① 3700は 100を [　　　] こ あつめた 数です。

② 3700は 4000より [　　　] 小さい 数です。

きほん **2** 10000と いう 数が わかりますか。

☆ □に あてはまる 数を 書きましょう。

(1000)(1000)(1000)(1000)(1000)(1000)(1000)(1000)(1000)(1000)

① 1000を 10こ あつめた 数を 一万（いちまん）と いい、[10000]と
書きます。

② 10000は [9999] の つぎの 数です。

9990　　　　　10000
|ⅼⅼⅼⅼⅼⅼⅼⅼⅼ|
↑
9999

③ 9000は あと [　　　] で 10000に なります。

0　1000 2000 3000 4000 5000 6000 7000 8000 9000 10000
|ⅼⅼⅼⅼⅼⅼⅼⅼⅼⅼ|
　　　　　　　　　　　　　　　　　　　　⌣
　　　　　　　　　　　　　　　　　　　1000

4 □に あてはまる 数を 書きましょう。

教科書 188〜189ページ

① 10000は 1000を [　　　] こ あつめた 数です。

② 10000は 100を [　　　] こ あつめた 数です。

③ 9999は あと 1で [　　　] に なります。

④ 9998より 2 大きい 数は [　　　] です。

⑤ 10000より 3 小さい 数は [　　　] です。

おうちのかたへ　10000について学習します。また、1000より大きい数を、数直線上にどのように表す
ことができるかを考えます。1目盛りの大きさに注意しましょう。

③ 何百の たし算と ひき算

もくひょう

100の まとまりを 考えて 計算しよう。

おわったら シールを はろう

教科書 190ページ　答え 11ページ

きほん **1** 100が 何こ分かを 考えて 計算できますか。

☆ 700+600、800−300の 計算の しかたを 考えましょう。

❶ 700+600

⑩ の 何こ分かで 考えると、

7+ ☐ =13

700+600= ☐

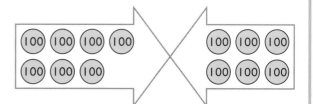

❷ 800−300

⑩ の 何こ分かで 考えると、

8− ☐ =5

800−300= ☐

100円玉で 考えて みれば いいね。

1 計算を しましょう。

教科書 190ページ **1**

❶ 300+400

❷ 600+600

❸ 200+800

❹ 600−200

❺ 700−600

❻ 1000−700

100の 何こ分かで 考えれば わかるね。

おうちのかたへ　100のまとまりがいくつになるかを考えます。
100円玉だと何個になるかと考えると、理解しやすくなるでしょう。

まとめのテスト

とく点

/100点

教科書 180〜191ページ 答え 11ページ

1 よく出る つぎの 数を 書きましょう。 1つ5〔20点〕

❶ 1000を 3こ、100を 8こ、10を 2こ、
1を 7こ 合わせた 数 (   )

❷ 1000を 7こ、10を 4こ 合わせた 数 (   )

❸ 100を 89こ あつめた 数 (   )

❹ 3009より 1 大きい 数 (   )

2 つぎの 数を 数字で 書きましょう。 1つ5〔15点〕

❶ 九千七百五十四   ❷ 三千八十二   ❸ 四千八

(   ) (   ) (   )

3 □に あてはまる 数を 書きましょう。 1つ5〔35点〕

❶
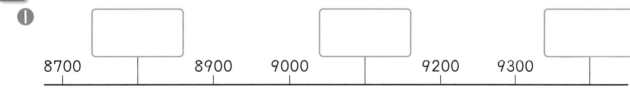

8700 8900 9000 9200 9300

❷
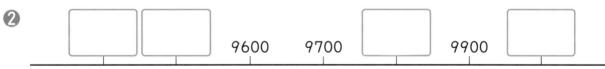

9600 9700 9900

4 □に あてはまる ＞か ＜を 書きましょう。 1つ5〔20点〕

❶ 7062 □ 7621   ❷ 5810 □ 5801

❸ 4999 □ 5001   ❹ 832 □ 8320

5 計算を しましょう。 1つ5〔10点〕

❶ 600＋800   ❷ 900－300

 チェック ✔ □ 1000より 大きい 数の しくみが わかったかな？
□ 10000が どんな 大きさの 数か わかったかな？

ふろくの 「計算れんしゅうノート」9・25〜26ページを やろう！

① たし算と ひき算の かんけい [その1]

もくひょう
図に あらわして
もんだいの とき方を
考えよう。

おわったら
シールを
はろう

きほんのワーク

教科書　192〜197ページ　　答え　11ページ

きほん **1** 図に あらわす ことが できますか。

☆ 赤い 花が 15本、白い 花が 10本 あります。ぜんぶで 25本です。

❶ □に あてはまる 数を 書きましょう。

このような
図を テープ図と
いうよ。

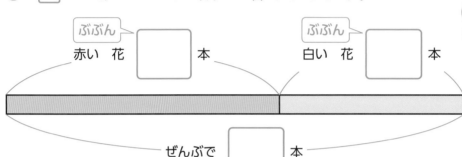

ぶぶん　赤い 花 □ 本　　ぶぶん　白い 花 □ 本

ぜんぶで □ 本　　ぜんたい

❷ 赤い 花の 数を もとめる しきを 書きましょう。

しき □ ― □ = □
　　合わせた 数　白い 花の 数　赤い 花の 数

図の どこを
もとめて いるかな。

★たいせつ
ぜんたいの 大きさを もとめる ときは たし算に なります。
ぶぶんの 大きさを もとめる ときは ひき算に なります。

赤い 花の 数は ぶぶんの 大きさだから、ひき算に なります。

1 □を もとめる しきを
えらびましょう。　📖教科書 195ページ 2

㋐25−15　㋑15＋10
㋒25−10

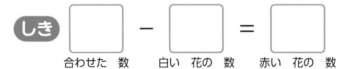

❶ 赤い 花 15本　白い 花 10本
ぜんぶで □ 本

❷ 赤い 花 15本　白い 花 □ 本
ぜんぶで 25本

(　　　　　)　(　　　　　)

さんすうはかせ　日本では 8は 吉の 数。八の 字が すえひろがりで えんぎの いい 数だと
されて いるよ。でも えんぎの わるい 数と 思われて いる 国も あるんだ。

☆ たまごが 12こ ありました。何こか 買ったので、ぜんぶで 26こに なりました。買った たまごは 何こですか。

① 図を 見て、答えを もとめる しきを 考えます。
　☐に あてはまる 数を 書きましょう。

・ たまごが 12こ ありました。何こか 買いました。

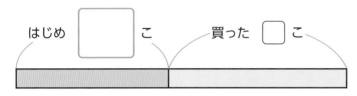

はじめ ☐ こ　　買った ☐ こ

$12 + ☐$

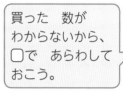

買った 数が
わからないから、
☐で あらわして
おこう。

・ ぜんぶで 26こに なりました。

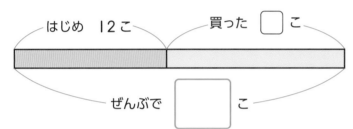

はじめ 12こ　　買った ☐ こ

ぜんぶで ☐ こ

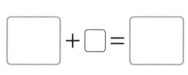

☐ + ☐ = ☐

② 買った たまごの 数を もとめる しきと 答えを 書きましょう。

しき ☐ − ☐ = ☐　　　答え ☐ こ

2 本を 何さつか もって いました。今日 6さつ もらいました。
ぜんぶで 14さつに なりました。はじめに もって いた 本は
何さつですか。

📖 教科書 195ページ **3**

① ☐に あてはまる 数を 書きましょう。

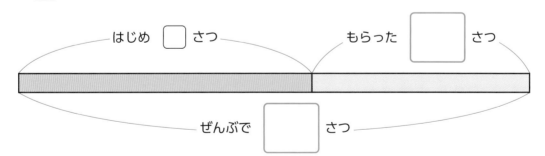

はじめ ☐ さつ　　もらった ☐ さつ

ぜんぶで ☐ さつ

② はじめに もって いた 本の 数を もとめる しきと 答えを
書きましょう。

しき ☐ − ☐ = ☐　　　答え ☐ さつ

おうちのかたへ　図を見て、答えを求める式を立てることを学習します。わかっている数とわからない数
（求める数）を図に表して、論理的に考える習慣を身につけることがねらいです。

① たし算と ひき算の かんけい [その2]

もくひょう・
図に あらわして もんだいを とこう。

おわったら シールを はろう

きほんのワーク

教科書 197〜199ページ 答え 12ページ

きほん 1 へった 数が わかりますか。

☆ りんごが 32こ ありました。何こか 食べたので、のこりは 26こに なりました。食べた りんごは 何こですか。

❶ 図を 見て、答えを もとめる しきを 考えます。
　□に あてはまる 数を 書きましょう。

・ りんごが 32こ ありました。何こか 食べました。

はじめ □ こ

食べた □ こ

・ のこりが 26こに なりました。　　32 − □ = 26

はじめ 32こ

食べた □ こ　　のこり □ こ

❷ 食べた りんごの 数を もとめる しきと 答えを 書きましょう。

しき □ − □ = □　　　　答え □ こ

1 ジュースが 30L ありました。何Lか あげたので、のこりが 19Lに なりました。あげた ジュースは 何Lですか。 📖教科書 197ページ4

はじめ □ L

しき

あげた □ L　のこり □ L

答え（　　　　）

さんすうはかせ わからない 数を □に して テープ図に あらわすと、どこを もとめたら いいのか はっきり わかるね！

☆ えんぴつが 何本か ありました。27本 くばりました。のこりが 9本に なりました。えんぴつは はじめに 何本 ありましたか。

❶ 図を 見て、答えを もとめる しきを 考えます。

　□に あてはまる 数を 書きましょう。

・ えんぴつが 何本か ありました。27本 くばりました。

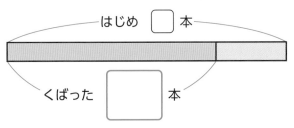

$\boxed{}-27$

図の どこを もとめるのかな。

・ のこりが 9本に なりました。

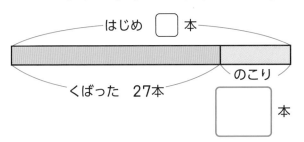

$\boxed{}-\boxed{}=\boxed{}$

❷ はじめに あった えんぴつの 数を もとめる しきと 答えを 書きましょう。

しき $\boxed{}+\boxed{}=\boxed{}$　　答え $\boxed{}$ 本

2 リボンを 何mか 買いました。15m つかったら、のこりが 7mに なりました。買った リボンは 何mですか。

📖 教科書 199ページ **5**

❶ □に あてはまる 数を 書きましょう。

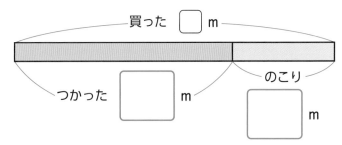

❷ 買った リボンの 長さを もとめる しきと 答えを 書きましょう。

しき $\boxed{}+\boxed{}=\boxed{}$

答え $\boxed{}$ m

おうちのかたへ　最終的にはお子さん自身がテープ図をかけるようになることが重要です。上の図を真似してそのままかく練習をしましょう。

れんしゅうのワーク

できた 数

／8もん 中

おわったら
シールを
はろう

1 文しょうだい ちゅう車場に 車が 7台 ありました。何台か
入ったので、ぜんぶで 19台に なりました。入った 車は 何台ですか。

はじめ 7台 ・ 入った □台

ぜんぶで 19台

しき 答え (   )

2 文しょうだい ちゅう車場に 車が 何台か ありました。8台 出て
いったので、のこりが 12台に なりました。車は はじめに 何台
ありましたか。

はじめ □台

出て いった 8台 ・ のこり 12台

しき 答え (   )

3 文しょうだい かきが 30こ ありました。何こか あげたので、
のこりが 9こに なりました。あげた かきは 何こですか。

はじめ 30こ

あげた □こ ・ のこり 9こ

しき 答え (   )

4 文しょうだい かきが 何こか ありました。14こ もらったので、
ぜんぶで 30こに なりました。かきは はじめに 何こ ありましたか。

はじめ □こ ・ もらった 14こ

ぜんぶで 30こ

しき 答え (   )

図を 見ながら
しきを
考えよう。

できるナビ 図の ぜんたいを もとめる ときは たし算、
ぶぶんを もとめる ときは ひき算で 計算するよ!

 まとめのテスト

時間 **20** 分

とく点 /100点

おわったら シールを はろう

教科書 192～200ページ　答え 12ページ

1 よく出る カードが 16まい ありました。何まいか 買ったので、ぜんぶで 35まいに なりました。買った カードは 何まいですか。

❶ 1つ10、❷1つ15〔50点〕

① □に あてはまる 数を 書きましょう。

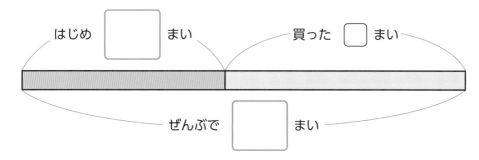

はじめ □ まい　　買った □ まい

ぜんぶで □ まい

② 買った カードの まい数を もとめましょう。

しき

答え（　　　　　　）

2 きのう わかざりを 何こか 作りました。今日は 15こ 作ったので、ぜんぶで 43こに なりました。きのう 作った わかざりは 何こですか。

❶ 1つ10、❷1つ15〔50点〕

① □に あてはまる 数を 書きましょう。

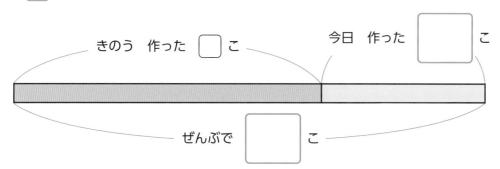

きのう 作った □ こ　　今日 作った □ こ

ぜんぶで □ こ

② きのう 作った わかざりの こ数を もとめましょう。

しき

答え（　　　　　　）

 チェック✓

□図に もんだいの 数を しっかり あらわせたかな？

□図を 見て、しきや 答えを 書く ことが できたかな？

87

① **かけ算の きまり** [その1]

もくひょう・
九九の ひょうを
見て、きまりを
見つけよう。

おわったら
シールを
はろう

きほんのワーク

教科書　202～205ページ　　答え　12ページ

きほん **1** 九九の ひょうを つくる ことが できますか。

☆ あいて いる ところを うめて、九九の ひょうを かんせい
させましょう。

かける数

	1	2	3	4	5	6	7	8	9
1	1	2	3	4	5	6	7	8	9
2	2	4	6	8	10		14	16	18
3		6	9	12	15	18	21	24	27
4	4	8	12	16	20	24	28	32	
5	5	10	15	20		30	35	40	45
6	6	12			30	36	42	48	54
7	7	14	21	28	35	42	49		63
8	8	16	24	32	40	48		64	72
9	9		27	36	45	54	63	72	81

(左側の縦書き見出し: かけられる数)

2のだんでは、
かける数が 1 ふえると、
答えは 2 ふえる。
ほかの だんでは
どうなのかな？

2×3と
3×2は、
答えが 同じに
なるね。

たいせつ

① かけ算では、かける数が 1 ふえると、答えは

かけられる数 だけ ふえます。

② かけ算では、かけられる数と かける数 を 入れかえて
計算しても 答えは 同じに なります。

1 □に あてはまる 数を 書きましょう。

教科書 203ページ 1
　　　 204ページ 2

① 4×7=4×6+ □　　　　② 8×5=8×4+ □

③ 6×9=9×□　　　　④ 7×3=3×□

さんすうはかせ　かけ算九九の ひょうの 中に 1回しか 出て こない 数を さがして みよう。
見つかったかな？ 1、25、49、64、81の 5つだね。

☆ 右の 九九の ひょうを
見て、答えましょう。

① 4のだんの 九九に
色を ぬりましょう。

② 5×4の 答えを
○で かこみましょう。

③ 答えが 12に
なって いる ところを
△で かこみましょう。

かける 数

	1	2	3	4	5	6	7	8	9
1	1	2	3	4	5	6	7	8	9
2	2	4	6	8	10	12	14	16	18
3	3	6	9	12	15	18	21	24	27
4	4	8	12	16	20	24	28	32	36
5	5	10	15	20	25	30	35	40	45
6	6	12	18	24	30	36	42	48	54
7	7	14	21	28	35	42	49	56	63
8	8	16	24	32	40	48	56	64	72
9	9	18	27	36	45	54	63	72	81

かけられる数

2 答えが 下の 数に なる 九九を ぜんぶ 見つけましょう。　📖教科書 204ページ**2**

① 8 　（　　　　　　　　　　　　　　　　　　　）

② 15 （　　　　　　　　　　　　　　　　　　　）

③ 18 （　　　　　　　　　　　　　　　　　　　）

④ 24 （　　　　　　　　　　　　　　　　　　　）

⑤ 36 （　　　　　　　　　　　　　　　　　　　）

⑥ 56 （　　　　　　　　　　　　　　　　　　　）

3 九九の ひょうで、たてに たした ときや ひいた ときの 答えを
しらべました。

📖教科書 205ページ**3**

① 3のだんの 答えと 4のだんの 答えを たすと、
何の だんの 答えに なりますか。　（　　　　　　）

チャレンジ！② 9のだんの 答えから 5のだんの 答えを ひくと、　（　　　　　　）
何の だんの 答えに なりますか。

おうちのかたへ　九九の表をつくり、九九のきまりをまとめます。答えが1回しか出てこないもの、
2回出てくるもの、3回のもの、4回のものを色分けしてみるとよいでしょう。

① かけ算の きまり [その2]

もくひょう

かけ算九九の
ひょうを ひろげよう。
くふうして もとめよう。

おわったら
シールを
はろう

きほんのワーク

教科書　206～209ページ　答え　13ページ

きほん 1　かけ算九九の ひょうを ひろげる ことが できますか。

☆ ●は 何こ ありますか。

●が たてに 3こ、
よこに 13こ
ならんで いるね。

① かけ算の しきに あらわすと、

3この 13こ分だから ☐ × ☐

② 3×☐と して、☐の 中に、8、9、10、…と 数を 入れました。
3×13の 答えを もとめましょう。

3のだんでは、
かける数が 1
ふえると、答えは
3 ふえるね。

3× 8 ＝24 ┐
　　　　　　 │ 3 ふえる
3× 9 ＝☐ ◀
　　　　　　 │ 3 ふえる
3×10＝☐ ◀
　　　　　　 │ 3 ふえる
3×11＝☐ ◀
　　　　　　 │ 3 ふえる
3×12＝☐ ◀
　　　　　　 │ 3 ふえる
3×13＝☐ ◀

しき 3×13＝☐

答え ☐ こ

1 13×3の 答えの もとめ方に ついて、☐に あてはまる 数を
書きましょう。

教科書 206ページ 4

❶ 13＋13＋13＝☐

❷ 13×1＝13 ┐
　　　　　　　 │ 13 ふえる
　　　　　　 │
13×2＝26 ◀
　　　　　　　 │ 13 ふえる
　　　　　　 │
13×3＝☐ ◀

❸ 3×13と 答えが 同じだから…

13×3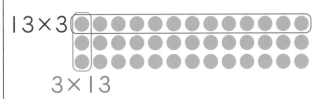

3×13

3×13＝☐

さんすうはかせ　みんなは、1×1から 9×9までの 九九を 学しゅうしたね。外国では、なんと
1×1から 20×20や 99×99まで 教えて いる ところも あるんだって。

☆ はこの 中の おまんじゅうは ぜんぶで 何こ ありますか。

① 5この 9つ分と 考えて
しきを 書きましょう。

しき

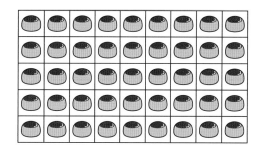

② 9この 5つ分と 考えて
しきを 書きましょう。

しき

ほかの もとめ方も
あるのかな。

答え 45こ

2 ●の 数の もとめ方を 考えて います。考え方と
合う しきを えらんで、線で むすびましょう。

📖 教科書 207ページ 5

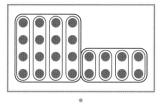

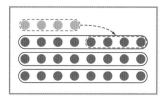

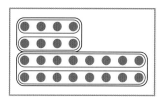

8×3＝24

4×2＝8、8×2＝16
8＋16＝24

4×4＝16、2×4＝8
16＋8＝24

3 ○や ◯の 数を くふうして もとめましょう。

📖 教科書 207ページ 5

❶

しき

❷

しき

答え (   )

答え (   )

れんしゅうのワーク

教科書 202〜211ページ　　答え 13ページ

できた 数

/8もん 中

おわったら
シールを
はろう

1 九九の ひょう

右の 九九の
ひょうを 見て、
答えましょう。

10のだん、
11のだん、
12のだんも
できるかな。

		かける 数											
		1	2	3	4	5	6	7	8	9	10	11	12
か け ら れ る 数	1	1	2	3	4	5	6	7	8	9			
	2	2	4	6	8	10	12	14	16	18			
	3	3	6	9	12	15	18	21	24	27		㋐	
	4	4	8	12	16	20	24	28	32	36			㋒
	5	5	10	15	20	25	30	35	40	45			
	6	6	12	18	24	30	36	42	48	54			
	7	7	14	21	28	35	42	49	56	63			
	8	8	16	24	32	40	48	56	64	72			
	9	9	18	27	36	45	54	63	72	81			㋔
	10												
	11			㋑									
	12				㋓					㋕			

❶ かけられる数が 6の とき、かける数が
1 ふえると、答えは いくつ ふえますか。　　（　　　　　）

❷ 2のだんの 答えと 7のだんの 答えを
たすと、何のだんの 答えに なりますか。　　（　　　　　）

❸ ㋐と ㋑には、どんな
しきの 答えが 入りますか。　　㋐（　　　　　）　㋑（　　　　　）

❹ ㋒と ㋓に 入る 数を もとめましょう。

㋒（　　　　　）　㋓（　　　　　）

❺ ㋔と ㋕に 入る 数を もとめましょう。

㋔（　　　　　）　㋕（　　　　　）

できる ナビ　　かけられる数と かける数を 入れかえても 答えは 同じなので、
㋐と ㋑、㋒と ㋓、㋔と ㋕は 同じ 数に なるよ！

まとめのテスト

教科書　202〜211ページ　答え　13ページ

時間 20分

とく点 ／100点

おわったら シールを はろう

1 □に あてはまる ことばや 数を 書きましょう。　1つ10〔70点〕

❶ かけ算では、かける数が 1 ふえると、答えは

[　　　　　　　　]だけ ふえます。

❷ かけ算では、かけられる数と [　　　　　　]を 入れかえて

計算しても 答えは [　　　]に なります。

❸ 3のだんの 答えと 5のだんの 答えを たすと、[　　]のだんの

答えに なります。

❹ [　　]×8=[　　]×7　　　❺ 2×6=2×5+[　　]

2 よく出る つぎの かけ算と 答えが 同じに なる 九九を 書きましょう。

1つ5〔10点〕

$1×9$ ➡ (　　　　　　　　)

$8×6$ ➡ (　　　　　　　　)

1のだんから 9のだんまででさがそう。

3 ノートを 1人に 2さつずつ くばります。
12人に くばるには、ノートは 何さつ いりますか。　1つ5〔10点〕

しき

答え (　　　　　　　)

4 ○の 数を くふうして もとめましょう。　1つ5〔10点〕

しき

答え (　　　　　　　)

チェック ☑ □九九の きまりを 見つけられたかな？
□いろいろな ものの 数の いろいろな もとめ方を 考えられたかな？

93

① 分数

もくひょう

分けた 大きさの
あらわし方を 知ろう。

おわったら
シールを
はろう

きほんのワーク

教科書　212〜217ページ　答え　13ページ

きほん 1　分数の あらわし方が わかりますか。

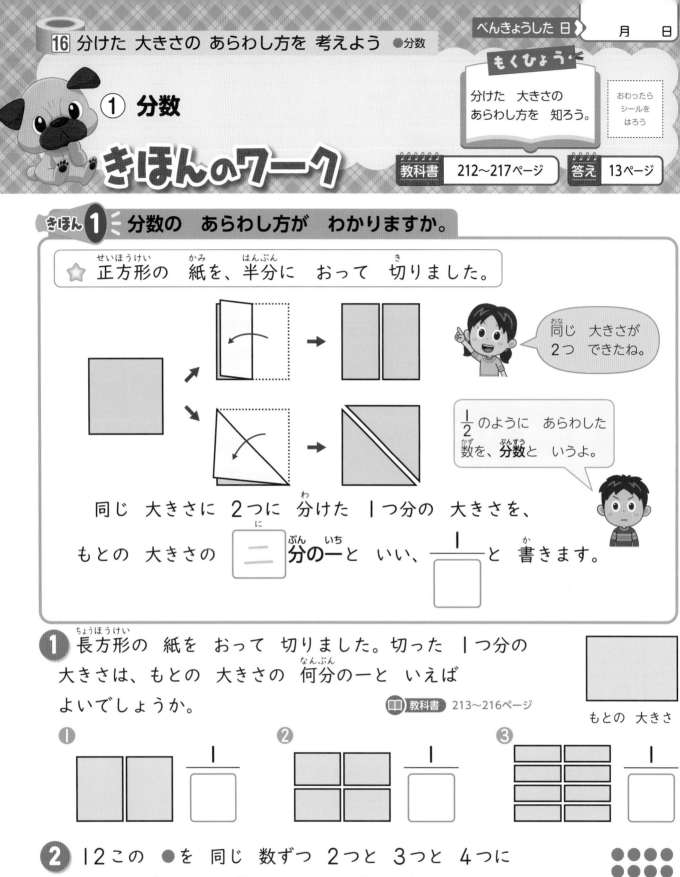

☆ 正方形の 紙を、半分に おって 切りました。

同じ 大きさが
2つ できたね。

$\frac{1}{2}$ のように あらわした
数を、分数と いうよ。

同じ 大きさに 2つに 分けた 1つ分の 大きさを、

もとの 大きさの □二 分の一と いい、□ と 書きます。

1 長方形の 紙を おって 切りました。切った 1つ分の
大きさは、もとの 大きさの 何分の一と いえば
よいでしょうか。

📖教科書　213〜216ページ

もとの 大きさ

❶ □

❷ □

❸ □

2 12この ●を 同じ 数ずつ 2つと 3つと 4つに
分けると、1つ分の 数は、もとの 数の 何分の一と
いえば よいでしょうか。

📖教科書　217ページ❸

❶ 2つ □

❷ 3つ □

❸ 4つ □

おうちのかたへ
分数の勉強の導入として、1つのものを2つに分けた1つ分（$\frac{1}{2}$）、さらに$\frac{1}{2}$を2つに
分けた1つ分（$\frac{1}{4}$）、$\frac{1}{4}$を2つに分けた1つ分（$\frac{1}{8}$）と、$\frac{1}{3}$を学習します。

 まとめのテスト

教科書 212〜218ページ　答え 13ページ

1 よく出る 正方形の 紙を おって 同じ 大きさに 切りました。1つ分の 大きさは、もとの 大きさの 何分の一と いえば よいでしょうか。　1つ10〔30点〕

① 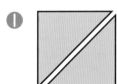 (—)　② 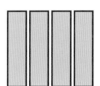 (—)　③ 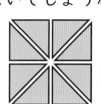 (—)

2 色の ついた ところは、もとの 長さの 何分の一と いえば よいでしょうか。　1つ10〔20点〕

① ▢/1

② ▢/1

3 24この ●を 同じ 数ずつ つぎの 人数で 分けます。1人分の 数は、それぞれ 何こに なりますか。　1つ10〔20点〕

① 2人  ▢こ　② 8人  ▢こ

4 もとの 大きさの 1/2は どれですか。また、1/3は どれですか。　1つ10〔20点〕

⑦ 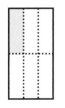　④ 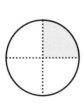　⑦ 　⑨

1/2 (　)、1/3 (　)

5 1/8の 大きさの いくつ分で もとの 大きさに なりますか。　〔10点〕

(　)

べんきょうした 日▶ 　月　　日

もくひょう
はこの 形に ついて しらべよう。

おわったら
シールを
はろう

① はこの 形

きほんのワーク

教科書 219〜222ページ　　答え 13ページ

きほん1 面の 形や 数が わかりますか。

☆ 右のような はこの 面の 形を うつしとりました。

❶ 面の 形は、何と いう 四角形ですか。

（　　　　　　　　　　　）

❷ 面は いくつ ありますか。

（　　　　　　　つ）

❸ ぴったり かさなる 面は
いくつずつ ありますか。

（　　　　　つずつ）

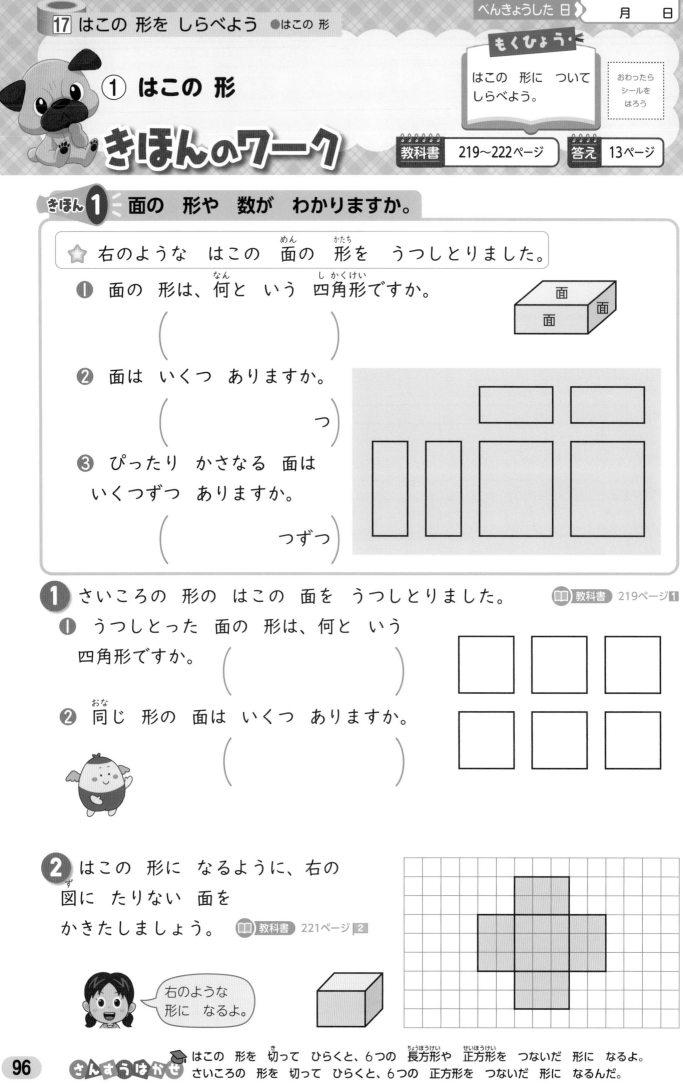

1 さいころの 形の はこの 面を うつしとりました。　教科書 219ページ**1**

❶ うつしとった 面の 形は、何と いう
四角形ですか。
（　　　　　　　　　　）

❷ 同じ 形の 面は いくつ ありますか。

（　　　　　　　　　　）

2 はこの 形に なるように、右の
図に たりない 面を
かきたしましょう。　教科書 221ページ**2**

右のような
形に なるよ。

さんすうはかせ はこの 形を 切って ひらくと、6つの 長方形や 正方形を つないだ 形に なるよ。
さいころの 形を 切って ひらくと、6つの 正方形を つないだ 形に なるんだ。

☆ ひごと ねんど玉を つかって、
右の はこの 形を 作ります。
□に あてはまる 数を 書きましょう。

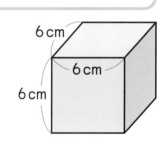

10cm
7cm　12cm

❶ どんな 長さの ひごが 何本ずつ いりますか。

● 7cm… [　] 本　● 10cm… [　] 本　● 12cm… [　] 本

❷ ねんど玉は [　] こ いります。

> ねんど玉の ところは
> はこの 形の
> ちょう点だね。

たいせつ

はこの 形には へんが 12、

ちょう点が 8 つ あります。

ちょう点
へん

❸ ひごと ねんど玉で、右のような さいころの
形を 作ります。　📖教科書 222ページ❸

6cm
6cm
6cm

❶ どんな 長さの ひごが 何本 いりますか。

[　] cmの ひごが [　] 本

❷ ねんど玉は 何こ いりますか。

(　　　　　　　)

❹ 右の はこの 形に ついて
答えましょう。　📖教科書 222ページ 3

8cm
6cm　15cm

❶ 長さが 8cmの へんは いくつ
ありますか。

(　　　　　　　)

❷ ちょう点は いくつ ありますか。　(　　　　　　　)

おうちのかたへ 立体図形を学習する最初の段階として箱の形を調べます。お菓子の箱やティッシュの箱
などを使って、実際に箱を切り開いたり組み立てたりしてみましょう。

れんしゅうのワーク

できた 数

／14もん 中

おわったら
シールを
はろう

教科書 219〜223ページ 　 答え 14ページ

1 はこの 形 切りとった 面を つなぎ合わせて できる はこを
線で むすびましょう。

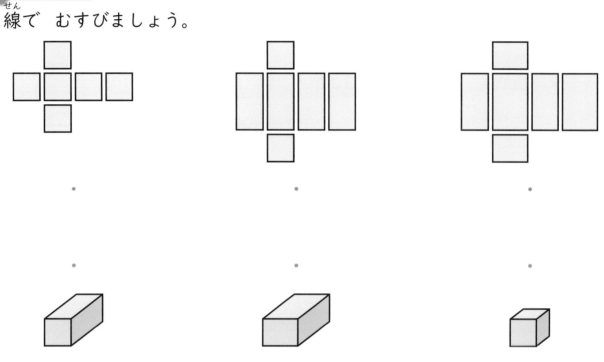

2 はこの 形 下の ㋐〜㋤の 紙を つかって はこを 作りました。
つかった 紙と、できた はこの 形の へんの 数を 答えましょう。

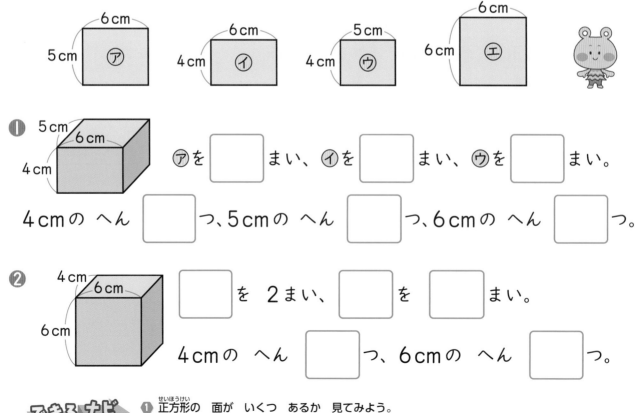

❶ ㋐を □ まい、㋑を □ まい、㋒を □ まい。

4cmの へん □ つ、5cmの へん □ つ、6cmの へん □ つ。

❷ □ を 2まい、□ を □ まい。

4cmの へん □ つ、6cmの へん □ つ。

できる ナビ 　❶ 正方形の 面が いくつ あるか 見てみよう。
❷ はこの 形は 面が ぜんぶで 6つ、へんが 12だったね。

まとめのテスト

時間 20分　とく点 /100点

おわったら シールを はろう

教科書 219～223ページ　答え 14ページ

1 よく出る □に あてはまる ことばを 書きましょう。　1つ8〔24点〕

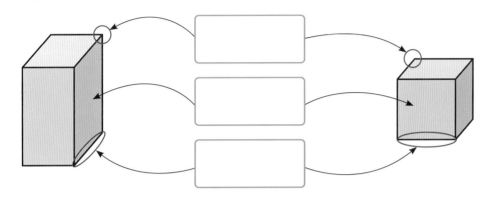

2 組み立てると、どの はこが できますか。　〔12点〕

⑦　　　⑦　　　⑨

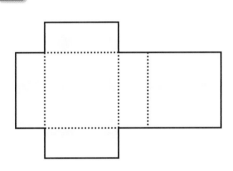
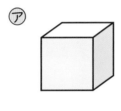
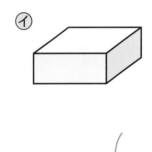
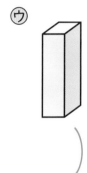

(　　　)

3 ひごと ねんど玉を つかって、
右の はこの 形を 作ります。

□に あてはまる 数を 書きましょう。　1つ8〔64点〕

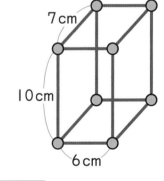

7cm
10cm
6cm

❶ ねんど玉は □ こ つかいます。

❷ どんな 長さの ひごが 何本ずつ いりますか。

●6cm… □本　●7cm… □本　●10cm… □本

❸ はこの 形には、面が □ つ、ぴったり かさなる 面が

□ つずつ あります。また、へんが □ 、ちょう点が

□ つ あります。

チェック✓

□はこの 形の、ちょう点や へんや 面の 数が いえたかな？
□はこの 形の へんの 長さや 面の 形の ちがいが いえたかな？

まとめのテスト❶

時間 20分

とく点 ／100点

おわったら シールを はろう

教科書 226ページ　答え 14ページ

1 つぎの 数を 数字で 書きましょう。

1つ5〔20点〕

❶ 1000を 6こ、10を 3こ、1を 2こ 合わせた 数 （ 　　　 ）

❷ 10を 38こ あつめた 数 （ 　　　 ）

❸ 100を 72こ あつめた 数 （ 　　　 ）

❹ 10000より 1000 小さい 数 （ 　　　 ）

2 570を いろいろな 見方で あらわしました。□に あてはまる 数を 書きましょう。

1つ4〔20点〕

❶ 570は、100を ☐こと、10を ☐こ 合わせた 数です。

❷ 570は、10を ☐こ あつめた 数です。

❸ 570は、500より ☐ 大きい 数です。

❹ 570は、600より ☐ 小さい 数です。

3 計算を しましょう。

1つ5〔60点〕

❶ 36＋28　　　❷ 43＋75　　　❸ 6＋98

❹ 67＋84　　　❺ 246＋47　　　❻ 800＋600

❼ 72－38　　　❽ 139－64　　　❾ 120－37

❿ 103－9　　　⓫ 754－45　　　⓬ 1000－600

□いろいろな 数の しくみが わかったかな？
□たし算と ひき算の 計算を まちがえずに できたかな？

まとめのテスト❷

時間 20分

とく点　／100点

おわったら シールを はろう

教科書 226〜227ページ　答え 14ページ

1 ( )に あてはまる 数を 書きましょう。　　　　　　1つ6〔24点〕

2000　3000　4000　5000　6000　7000　8000　9000　10000

↑ア　　↑イ　　　　　↑ウ　　　　　　　↑エ

ア(　　　　)　イ(　　　　)　ウ(　　　　)　エ(　　　　)

2 公園の 花だんに、赤い チューリップが 47本、黄色い

チューリップが 55本 さいて います。　　　　　　1つ5〔20点〕

❶ 合わせて 何本ですか。

しき　　　　　　　　　　　　　　　　答え (　　　　　　)

❷ どちらが 何本 多いでしょうか。

しき　　　　　　　　　答え (　　　　　　)

3 計算を しましょう。　　　　　　　　　　　　　　1つ6〔36点〕

❶ 3×8　　　　　❷ 4×6　　　　　❸ 8×7

❹ 5×7　　　　　❺ 2×9　　　　　❻ 1×3

4 チョコレートが はこの 中に 入って います。チョコレートは

ぜんぶで 何こ ありますか。くふうして もとめましょう。　　1つ5〔10点〕

しき

答え (　　　　　　)

5 クッキーを 1人に 6まいずつ くばります。7人に くばるには、

クッキーは 何まい いりますか。　　　　　　　　1つ5〔10点〕

しき

答え (　　　　　　)

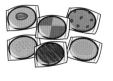 □数の線の 目もりを 正しく 読めたかな？
□九九を ぜんぶ おぼえたかな？

まとめのテスト❸

時間 **20** 分

とく点

／100点

おわったら
シールを
はろう

教科書　228ページ　　答え　14ページ

1 まさとさんは きのう 本を 37ページ 読みました。まだ 27ページ
のこって います。本は ぜんぶで 何ページ ありますか。　　1つ10〔40点〕

❶ 図の □に あてはまる 数を 書きましょう。

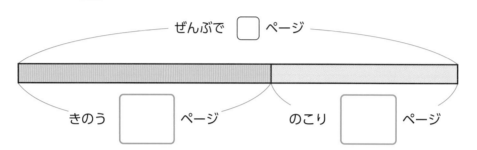

ぜんぶで □ ページ

きのう □ ページ　　のこり □ ページ

❷ 本は ぜんぶで 何ページ ありますか。

しき　　　　　　　　　　　　　　　　　答え（　　　　　）

2 下のような 正方形の まわりの 長さは 何mですか。　　1つ10〔20点〕

3m

しき

答え（　　　　　）

3 右のような はこの 形に ついて 答えましょう。　　1つ10〔30点〕

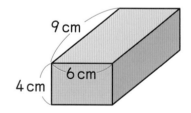

9cm

6cm

4cm

❶ ちょう点は いくつ
ありますか。（　　　　）

❷ 長さが 9cmの へんは
いくつ ありますか。（　　　　）

❸ 2つの へんの 長さが 4cmと 6cmに なって
いる 長方形の 面は いくつ ありますか。（　　　　）

4 水の かさは どれだけですか。　　1つ5〔10点〕

❶ （　　　　）　　❷ 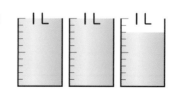（　　　　）

 チェック ✓

□テープ図を つかって もんだいが とけたかな？
□はこの 形の ちょう点、へん、面が どこなのか わかったかな？

まとめのテスト④

教科書 228〜229ページ　答え 14ページ

時間 20分

とく点 ／100点

おわったら シールを はろう

1 （　）に あてはまる たんいを 書きましょう。　　　1つ10〔30点〕

❶ つくえの はば …………………………………60（　　）

❷ 教室の こくばんの よこの 長さ ………… 4（　　）

❸ セロハンテープの はば ……………………15（　　）

2 えりかさんは かぞくと どうぶつ園に 行きました。どうぶつ園に 午前10時に 入り、どうぶつ園を 出たのは 午後3時でした。どうぶつ園に いた 時間は 何時間ですか。　　　〔10点〕

（　　　　　）

3 もとの 大きさの $\frac{1}{4}$ だけ 色を ぬりましょう。　　　1つ10〔30点〕

❶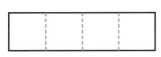

❷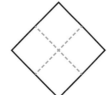

❸

4 おかしの 数を しらべます。

❶ ひょうや グラフに あらわしましょう。　　　1つ10〔30点〕

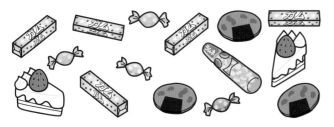

おかしの しゅるいと 数

おかし	ガム	あめ	せんべい	ケーキ	ラムネ
数（こ）					

おかしの しゅるいと 数

ガム	あめ	せんべい	ケーキ	ラムネ

❷ 数が 一番 多い おかしは 何ですか。また、何こ ありますか。

（　　　　　、　　　　　）

ふろくの 「計算れんしゅうノート」28〜29ページを やろう！

 チェック✓
□ 長さの たんいの かんけいが わかったかな？
□ グラフや ひょうに あらわして 数を くらべる ことが できたかな？

● プログラミングに ちょうせん！

学びのワーク すごろくゲーム

おわったら
シールを
はろう

教科書 82〜83ページ 答え 14ページ

きほん 1 130の ますに トロッコを とめられますか。

☆ カードを 組み合わせて、トロッコを すすめます。
130の ますに とまるように しましょう。

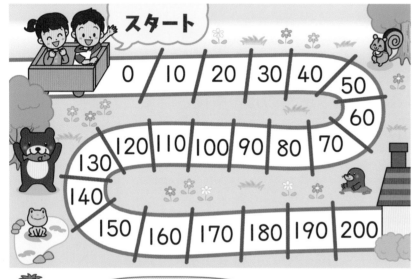

★つかえる カード★

| 10 すすむ |
| 10 もどる |
| 100 すすむ |

□回 くりかえす

 同じ カードは
何回 つかっても いいよ。

1 2は □に あてはまる 数を 書こう。
3は 自分で 考えてみよう。

1

100 すすむ

□回 くりかえす

10 すすむ

2

100 すすむ

100 すすむ

□回 くりかえす

10 もどる

3

---

❶ きほん1 で、190の ますに
とまるように しましょう。

📖 教科書 82ページ1

おうちのかたへ 指定された場所へ進む方法を考え、カードを組み合わせて進み方を表します。
130、190以外の数にも挑戦して、すごろくの上を進んでみましょう。

夏休みのテスト②

実力はんてい算数テスト

名前

時間 30分

教科書 16〜105ページ
答え 15ページ

とく点 ／100点

べんきょうした日　　月　　日

おわったら
シールを
はろう

1

すきな 花と 人数を
右の グラフに
せいりしました。

1つ5[10点]

① 人数が 一番 多い
花は 何ですか。

( )

すきな 花と 人数

チューリップ	ば ら	ひまわり	カーネーション	あ さ が お	すずらん
○	○	○	○	○	○
○	○	○	○	○	
○		○	○		
○		○	○		
		○			

② カーネーションと すずらんの 人数の
ちがいは 何人ですか。

( )

2

時計の 時こくを 午前、午後を
つかって いいましょう。

1つ6[12点]

①  【朝】

( )

②  【昼】

( )

3

計算を しましょう。

1つ6[18点]

① 11cm7mm＋3cm

( )

② 12cm6mm－1mm

( )

③ 4cm2mm＋5cm4mm

( )

4

水の かさは 何L 何dL ですか。

1つ5[10点]

①  1L 1dL 1dL 1dL 1dL 1dL 1dL 1dL 1dL 1dL 1dL

( )

② 1L 1L 1L

( )

5

□に あてはまる 数を 書きましょう。

1つ5[10点]

① 581は 100を □こ、10を
□こ、1を □こ 合わせた 数です。

② 10を 60こ あつめた 数は
□ です。

6

計算を しましょう。

1つ5[40点]

①
```
  2 3
+ 4 0
```

②
```
  5 3
+ 2 9
```

③
```
  1 8
+ 6 2
```

④
```
  4 7
+   8
```

⑤
```
  8 9
- 3 4
```

⑥
```
  6 4
- 1 9
```

⑦
```
  7 0
- 2 6
```

⑧
```
  9 1
-   7
```

べんきょうした日　月　日

名前

時間 30分

教科書　16～105ページ
答え　15ページ

とく点　/100点

算数　2年　大日　① オモテ

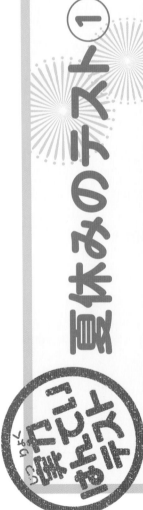

夏休みのテスト①

のびのびと楽しくはんテスト

1 くだものの しゅるいと 数を しらべましょう。
グラフに あらわしましょう。　1つ5[10点]

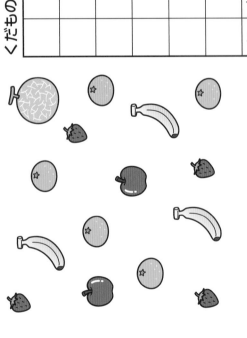

くだものの しゅるいと 数

くだもの	いちご	りんご	バナナ	みかん	メロン
数（こ）					

2 右の 時計の 時こくは、午前8時25分です。
つぎの 時こくを かきましょう。　1つ5[10点]

① 30分 たった 時こく

（　　　　）

② 25分前の 時こく

（　　　　）

3 左はしから ア、イまでの 長さは、それぞれ 何cm何mmですか。　1つ5[10点]

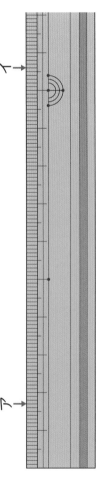

ア（　　　　）　イ（　　　　）

4 □に あてはまる 数を 書きましょう。　1つ5[15点]

① 1L3dLは、1dLの □分の かさです。

② 1000mL = □ L

③ 1dL = □ mL

5 □に あてはまる 数を 書きましょう。　1つ5[15点]

880　890　　905　910

①　②　③

6 計算を しましょう。　1つ5[40点]

①
$$\begin{array}{r} 51 \\ +\ 36 \\ \hline \end{array}$$

②
$$\begin{array}{r} 29 \\ +\ 47 \\ \hline \end{array}$$

③
$$\begin{array}{r} 67 \\ +\ 13 \\ \hline \end{array}$$

④
$$\begin{array}{r} 8 \\ +\ 75 \\ \hline \end{array}$$

⑤
$$\begin{array}{r} 76 \\ -\ 43 \\ \hline \end{array}$$

⑥
$$\begin{array}{r} 52 \\ -\ 24 \\ \hline \end{array}$$

⑦
$$\begin{array}{r} 80 \\ -\ 31 \\ \hline \end{array}$$

⑧
$$\begin{array}{r} 64 \\ -\ 57 \\ \hline \end{array}$$

冬休みのテスト①

時間 30分

教科書 106〜176ページ　答え 15ページ

名前

とく点　／100点

おわったら　シールを　はろう

1 くふうして 計算を します。□に あてはまる 数を 書きましょう。　1つ6[18点]

① 9+27+3

↑ 9+(27+□)

↑ 9+□=

② 26+35+5

↑ 26+(35+□)

↑ 26+□=

③ 34+42+16 ↑ 42+34+16

↑ 42+(34+□)

↑ 42+□=

2 かけ算の しきで 書きましょう。　1つ4[12点]

① 2こ の 3さら分

しき

② 4こ の 5ふくろ分

しき

③ 5こ の 7はこ分

しき

3 □に あてはまる 数を 書きましょう。　1つ5[10点]

① 三角形には、へんが □つ あります。

② 四角形には、ちょう点が □つ あります。

4 計算を しましょう。　1つ5[20点]

①
	6	7
+	7	5

②
	5	4
+	4	8

③
1	7	3
	8	6
−		

④
1	0	5
	4	6
−		

5 計算を しましょう。　1つ5[40点]

① 2×7　　（　　）

② 9×5　　（　　）

③ 8×4　　（　　）

④ 6×9　　（　　）

⑤ 4×8　　（　　）

⑥ 5×6　　（　　）

⑦ 7×3　　（　　）

⑧ 3×9　　（　　）

冬休みのテスト②

名前

●べんきょうした日　月　日

教科書	106〜176ページ
答え	15ページ

時間 30分　とく点　／100点

おわったら
シールを
はろう

1 くふうして 計算しましょう。　1つ4[16点]

① 25+30+40

（　　　　）

② 7+48+2

（　　　　）

③ 39+8+21

（　　　　）

④ 14+35+26

（　　　　）

2 5cmの 3つ分の テープが あります。　1つ4[8点]

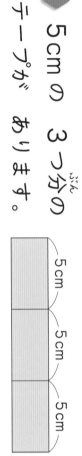
5cm　5cm　5cm

① テープの 長さは 5cmの 何ばいですか。

（　　　　）

② テープの 長さは 何cmですか。

（　　　　）

3 計算を しましょう。　1つ4[24点]

① 6×4

（　　　　）

② 8×8

（　　　　）

③ 1×4

（　　　　）

④ 7×9

（　　　　）

⑤ 5×2

（　　　　）

⑥ 3×1

（　　　　）

4 せいほうけい 正方形、直角三角形は どれですか。⑦〜①で 答えましょう。　1つ4[16点]

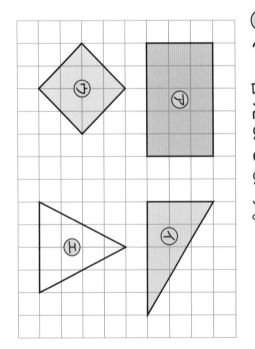
⑦　①　⑦　①

正方形　（　　　　）

直角三角形（　　　　）

5 計算を しましょう。　1つ4[16点]

①
```
   7 0
 + 8 7
```

②
```
   3 5
 + 6 9
```

③
```
   1 4 2
 -   5 8
```

④
```
   1 0 3
 -     6
```

6 計算を しましょう。　1つ5[20点]

① 60cm+40cm= □ m

② 3m70cm−70cm= □ m

③ 70cm+80cm= □ m □ cm

④ 1m60cm−90cm= □ cm

算かんいテスト

名前

| 教科書 | 16〜229ページ | 答え | 16ページ |

とく点　/100点

じかん 30ぷん

おわったら
シールを
はろう

1 □に あてはまる >、<、= を 書きましょう。 1つ5[30点]

① 456 □ 465

② 700 □ 1004

③ 8m □ 80cm

④ 6cm2mm □ 62mm

⑤ 230dL □ 2L3dL

⑥ 700mL □ 7L

2 □に あてはまる 数を 書きましょう。 1つ5[15点]

① [　] 8000

② [　] 9000

③ [　]

3

① つぎのような はこの 形に ついて 答えましょう。 1つ5[15点]

2cm
6cm
4cm

ちょう点は いくつ
ありますか。
（　　）

② 長さが 6cm の へんは いくつ
ありますか。
（　　）

③ 2つの へんの 長さが 2cm と
4cm に なって いる 長方形の 面は
いくつ ありますか。
（　　）

4 ( )に あてはまる たんいを 書きましょう。 1つ4[16点]

① ペットボトルに 入る 水の かさ
500（　　）

② 校しゃの 高さ
12（　　）

③ やかんに 入る 水の かさ
15（　　）

④ つくえの 高さ
60（　　）

5 ① ひっ算で 計算を しましょう。 1つ4[24点]

① 58+75

② 324+53

③ 6+239

④ 148−62

⑤ 458−56

⑥ 913−7

学年末のテスト①

1 つぎの 数を 数字で 書きましょう。　1つ5[10点]

① 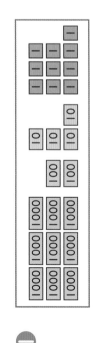　（　　　）

② 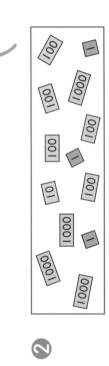　（　　　）

2 つぎの 数を 数字で 書きましょう。　1つ4[16点]

① 10を 39こ あつめた 数　（　　　）

② 100を 80こ あつめた 数　（　　　）

③ 1000より 100 小さい 数　（　　　）

④ 9999より 1 大きい 数　（　　　）

3 色の ついた ところは、もとの 大きさの 何分の一ですか。　1つ4[8点]

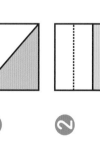

①　（　　　）

②　（　　　）

4 □に あてはまる 数を 書きましょう。　1つ5[30点]

① 1m= □cm

② 36mm= □cm □mm

③ 5cm7mm= □mm

④ 480cm= □m □cm

⑤ 1L= □mL

⑥ 1L= □dL

5 計算を しましょう。　1つ3[36点]

① 5×5　（　　　）　② 6×8　（　　　）

③ 4×7　（　　　）　④ 8×1　（　　　）

⑤ 9×3　（　　　）　⑥ 7×6　（　　　）

⑦ 6×2　（　　　）　⑧ 3×4　（　　　）

⑨ 2×9　（　　　）　⑩ 9×7　（　　　）

⑪ 1×5　（　　　）　⑫ 8×6　（　　　）

まるごと 文章題テスト①

かていがくしゅう はんていテスト

時間 30分

名前

とく点

/100点

答え 16ページ

いろいろな文章題にチャレンジしよう!

1 ひもを 何mか 買いました。13m
つかったら、のこりが 7mに なりました。
買った ひもは 何mですか。
1つ6〔24点〕

❶ □に あてはまる 数を 書きましょう。

つかった　　のこり

買った

❷ 買った ひもの 長さを
もとめましょう。

しき

答え（　　　）

2 赤い 色紙が 54まい、青い 色紙が
47まい あります。どちらが 何まい
多いでしょうか。
1つ6〔12点〕

しき

答え（　　　）

3 ゆうきさんは
カードを 50まい
もって います。
お兄さんから 18まい
もらうと ぜんぶで
何まいに なりますか。
1つ6〔12点〕

しき

答え（　　　）

4 アルミかんと スチールかんを 合わせて
120こ あつめました。そのうち
アルミかんは 26こでした。スチールかんは
何こ あるでしょうか。
1つ6〔12点〕

しき

答え（　　　）

5 えんぴつが 68本、ボールペンが 42本
あります。合わせて 何本 ありますか。
1つ6〔12点〕

しき

答え（　　　）

6 校ていで、2年生が 18人、3年生が
7人 あそんで います。あとから
3年生が 3人 来ました。校ていには、
みんなで 何人 いますか。
1つ7〔14点〕

しき

答え（　　　）

7 子どもが 6人 います。ノートを
1人に 5さつずつ くばります。
ノートは 何さつ いりますか。
1つ7〔14点〕

しき

答え（　　　）

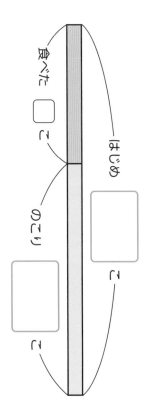

まるごと 文章題テスト2

1 みかんが 24こ ありました。何こか 食べたので、のこりが 15こに なりました。食べた みかんは 何こですか。
1つ6[24点]

① □に あてはまる 数を 書きましょう。

はじめ
食べた □こ
のこり □こ

② 食べた みかんの 数を もとめましょう。

しき

答え（　　　　　　）

2 公園に 大人が 26人、子どもが 67人 います。合わせて 何人 いますか。
1つ6[12点]

しき

答え（　　　　　　）

3 長いすが 5つ あります。長いすは 1つに 7人ずつ すわれます。みんなで 何人 すわれますか。
1つ6[12点]

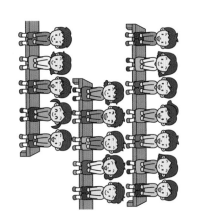

しき

答え（　　　　　　）

いろいろな 文章題に チャレンジしよう!

●べんきょうした日　月　日

4 色紙を 47まい もって います。お母さんから 75まい もらうと 色紙は ぜんぶで 何まいに なりますか。
1つ6[12点]

しき

答え（　　　　　　）

5 ゆうとさんは 96ページの 本を 読んで います。今日までに 47ページ 読みました。のこりは 何ページですか。
1つ6[12点]

しき

答え（　　　　　　）

6 みおさんは 135円の ノートと 48円の えんぴつを 買います。合わせて 何円ですか。

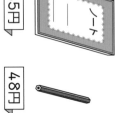

ノート 135円　　48円
1つ7[14点]

しき

答え（　　　　　　）

7 小せつが 12さつ、図かんが 6さつ、絵本が 14さつ あります。ぜんぶで 何さつ ありますか。
1つ7[14点]

しき

答え（　　　　　　）

答えとてびき

「答えとてびき」は、とりはずすことができます。

大日本図書版

算数 2年

使い方

まちがえた問題は、もういちどよく読んで、なぜまちがえたのかを考えましょう。正しい答えを知るだけでなく、なぜそうなるかを考えることが大切です。

---

1 わかりやすく せいりしよう

2ページ きほんのワーク

きほん1 ❶

野さいの しゅるいと 数

野さい	キュウリ	ナ ス	ピーマン	だいこん	たまねぎ
数（こ）	3	4	6	2	5

❷ 野さいの しゅるいと 数

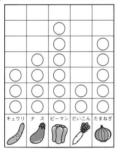

		○		
		○		○
	○	○		○
	○	○		○
○	○	○		○
○	○	○	○	○
○	○	○	○	○
キュウリ	ナ ス	ピーマン	だいこん	たまねぎ

❶ ❶ ピーマン ❷ だいこん ❸ たまねぎ

3ページ まとめのテスト

1 ❶

すきな あそびと 人数

すきな あそび	ボールけり	ボールなげ	ブランコ	かくれんぼ	なわとび	てつぼう
人数（人）	5	6	2	7	3	4

❷ すきな あそびと 人数

			○		
	○		○		
	○		○		
○	○		○		
○	○		○		○
○	○	○	○		○
○	○	○	○	○	○
ボールけり	ボールなげ	ブランコ	かくれんぼ	なわとび	てつぼう

2 ❶ かくれんぼ ❷3人
❸ ボールなげ 3
❹ （上から）グラフ、ひょう

てびき ○をかいていくとき、下から順にかいているか見てください。バラバラにかいてしまうと、多い・少ないがきちんと比較できません。

2 たし算の しかたを 考えよう

4・5ページ きほんのワーク

きほん1

② + ④ = ⑥、3 + ② = ⑤、⑤⓪、⑤⓪、⑥

```
   3 2        3 2        3 2
 + 2 4  ➡   + 2 4  ➡   + 2 4
            ───        ───
               6        5 6
```

① くらいを たてに　② 一のくらいの 計算　③ 十のくらいの 計算
　そろえて 書く。　　2 + 4 = ⑥　　3 + 2 = ⑤

32 + 24 = ⑤⑥

❶ ❶ 23 + 14 = ㊲　❷ 41 + 35 = ㊅
　　⑳ 3　10 ④　　　40 ① ⑳ 5

❷ ❶
```
  3 6
+ 2 3
─────
  5 9
```
❷
```
  4 5
+ 2 2
─────
  6 7
```
❸
```
  1 2
+ 3 6
─────
  4 8
```
❹
```
  4 2
+ 1 3
─────
  5 5
```

❸ ❶
```
  3 0
+ 5 6
─────
  8 6
```
❷
```
  4 0
+ 5 5
─────
  9 5
```
❸
```
  3 8
+ 4 0
─────
  7 8
```
❹
```
  2 0
+ 7 0
─────
  9 0
```

❹ ❶
```
    7
+ 5 2
─────
  5 9
```
❷
```
  7 1
+   8
─────
  7 9
```
❸
```
    4
+ 3 0
─────
  3 4
```
❹
```
  8 0
+   6
─────
  8 6
```

❺ しき 25 + 34 = 59

ひっ算
```
  2 5
+ 3 4
─────
  5 9
```

答え 59こ

きほん①

$$\begin{array}{r}37\\+25\\\hline\end{array} \Rightarrow \begin{array}{r}3\ 7\\+2\ 5\\\hline 2\end{array} \Rightarrow \begin{array}{r}3\ 7\\+2\ 5\\\hline 6\ 2\end{array}$$

① くらいを たてに そろえて 書く。　② 一のくらいの 計算　③ 十のくらいの 計算

7+5=12　●1+3+2=6

37+25=62

❶ ①
$$\begin{array}{r}3\ 6\\+1\ 8\\\hline 5\ 4\end{array}$$
②
$$\begin{array}{r}1\ 6\\+1\ 9\\\hline 3\ 5\end{array}$$
③
$$\begin{array}{r}2\ 4\\+5\ 9\\\hline 8\ 3\end{array}$$
④
$$\begin{array}{r}1\ 5\\+4\ 9\\\hline 6\ 4\end{array}$$

⑤
$$\begin{array}{r}4\ 7\\+3\ 8\\\hline 8\ 5\end{array}$$
⑥
$$\begin{array}{r}2\ 9\\+5\ 8\\\hline 8\ 7\end{array}$$
⑦
$$\begin{array}{r}3\ 5\\+5\ 7\\\hline 9\ 2\end{array}$$
⑧
$$\begin{array}{r}3\ 8\\+4\ 8\\\hline 8\ 6\end{array}$$

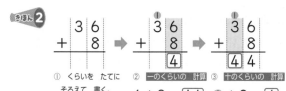

きほん②

$$\begin{array}{r}3\ 6\\+\ \ \ 8\\\hline\end{array} \Rightarrow \begin{array}{r}3\ 6\\+\ \ \ 8\\\hline 4\end{array} \Rightarrow \begin{array}{r}3\ 6\\+\ \ \ 8\\\hline 4\ 4\end{array}$$

① くらいを たてに そろえて 書く。　② 一のくらいの 計算　③ 十のくらいの 計算

6+8=14　●1+3=4

36+8=44

❷ ①
$$\begin{array}{r}2\ 6\\+3\ 4\\\hline 6\ 0\end{array}$$
②
$$\begin{array}{r}5\ 1\\+1\ 9\\\hline 7\ 0\end{array}$$
③
$$\begin{array}{r}7\ 3\\+1\ 7\\\hline 9\ 0\end{array}$$
④
$$\begin{array}{r}3\ 8\\+2\ 2\\\hline 6\ 0\end{array}$$

❸ ①
$$\begin{array}{r}\ \ \ 7\\+4\ 7\\\hline 5\ 4\end{array}$$
②
$$\begin{array}{r}\ \ \ 5\\+3\ 9\\\hline 4\ 4\end{array}$$
③
$$\begin{array}{r}6\ 3\\+\ \ \ 8\\\hline 7\ 1\end{array}$$
④
$$\begin{array}{r}7\ 6\\+\ \ \ 9\\\hline 8\ 5\end{array}$$

❹ ①
$$\begin{array}{r}\ \ \ 5\\+2\ 5\\\hline 3\ 0\end{array}$$
②
$$\begin{array}{r}\ \ \ 2\\+8\ 8\\\hline 9\ 0\end{array}$$
③
$$\begin{array}{r}5\ 4\\+\ \ \ 6\\\hline 6\ 0\end{array}$$
④
$$\begin{array}{r}7\ 7\\+\ \ \ 3\\\hline 8\ 0\end{array}$$

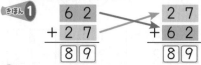

きほん①

$$\begin{array}{r}\boxed{6\ 2}\\+\boxed{2\ 7}\\\hline 8\ 9\end{array} \qquad \begin{array}{r}\boxed{2\ 7}\\+\boxed{6\ 2}\\\hline 8\ 9\end{array}$$

❶ ①
$$\begin{array}{r}3\ 8\\+\ \ \ 5\\\hline 4\ 3\end{array}$$
入れかえて 計算しよう。
$$\begin{array}{r}\ \ \ 5\\+3\ 8\\\hline 4\ 3\end{array}$$
②
$$\begin{array}{r}1\ 8\\+5\ 7\\\hline 7\ 5\end{array}$$
入れかえて 計算しよう。
$$\begin{array}{r}5\ 7\\+1\ 8\\\hline 7\ 5\end{array}$$

❷

37+21	42+8
8+42	12+73
53+16	21+37
26+34	34+26
73+12	16+53

（線で結ぶ問題）

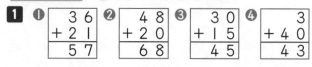

❶ ①
$$\begin{array}{r}3\ 6\\+2\ 1\\\hline 5\ 7\end{array}$$
②
$$\begin{array}{r}4\ 8\\+2\ 0\\\hline 6\ 8\end{array}$$
③
$$\begin{array}{r}3\ 0\\+1\ 5\\\hline 4\ 5\end{array}$$
④
$$\begin{array}{r}\ \ \ 3\\+4\ 0\\\hline 4\ 3\end{array}$$

⑤
$$\begin{array}{r}6\ 9\\+1\ 8\\\hline 8\ 7\end{array}$$
⑥
$$\begin{array}{r}4\ 5\\+2\ 5\\\hline 7\ 0\end{array}$$
⑦
$$\begin{array}{r}\ \ \ 9\\+3\ 8\\\hline 4\ 7\end{array}$$
⑧
$$\begin{array}{r}7\ 4\\+\ \ \ 6\\\hline 8\ 0\end{array}$$

❷

45+13　63+27　32+56

56+32　32+27　27+63　13+45

（線で結ぶ問題）

❸ しき　47+35=82

答え　82 円

ひっ算
$$\begin{array}{r}4\ 7\\+3\ 5\\\hline 8\ 2\end{array}$$

❹ ①
$$\begin{array}{r}4\ 5\\+3\ 5\\\hline 8\ 0\end{array}$$
②
$$\begin{array}{r}3\ 8\\+2\ 3\\\hline 6\ 1\end{array}$$
③
$$\begin{array}{r}5\ 9\\+\ \ \ 4\\\hline 6\ 3\end{array}$$

てびき ❷ の問題は、たされる数とたす数を入れかえても答えは同じになることがわかっていれば、計算しなくても解けます。

③ ひき算の しかたを 考えよう

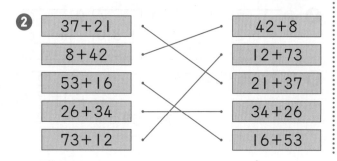

きほん① 5−3=2、4−1=3、30、2、30

$$\begin{array}{r}4\ 5\\-1\ 3\\\hline\end{array} \Rightarrow \begin{array}{r}4\ 5\\-1\ 3\\\hline 2\end{array} \Rightarrow \begin{array}{r}4\ 5\\-1\ 3\\\hline 3\ 2\end{array}$$

① くらいを たてに そろえて 書く。　② 一のくらいの 計算　③ 十のくらいの 計算

5−3=2　4−1=3

45−13=32

❶ ① 67 − 25=42　② 58 − 12=46
　60⑦ 20 5　　　　　50 8 10②

❷ ①
$$\begin{array}{r}3\ 8\\-2\ 6\\\hline 1\ 2\end{array}$$
②
$$\begin{array}{r}5\ 9\\-1\ 6\\\hline 4\ 3\end{array}$$
③
$$\begin{array}{r}5\ 3\\-2\ 0\\\hline 3\ 3\end{array}$$
④
$$\begin{array}{r}6\ 0\\-4\ 0\\\hline 2\ 0\end{array}$$

❸ ①
$$\begin{array}{r}9\ 3\\-2\ 3\\\hline 7\ 0\end{array}$$
②
$$\begin{array}{r}6\ 4\\-4\ 4\\\hline 2\ 0\end{array}$$
③
$$\begin{array}{r}3\ 9\\-3\ 3\\\hline 6\end{array}$$
④
$$\begin{array}{r}6\ 7\\-6\ 4\\\hline 3\end{array}$$

❹ ①
$$\begin{array}{r}7\ 8\\-\ \ \ 6\\\hline 7\ 2\end{array}$$
②
$$\begin{array}{r}4\ 7\\-\ \ \ 4\\\hline 4\ 3\end{array}$$
③
$$\begin{array}{r}8\ 7\\-\ \ \ 7\\\hline 8\ 0\end{array}$$
④
$$\begin{array}{r}5\ 5\\-\ \ \ 5\\\hline 5\ 0\end{array}$$

❺ しき　48−13=35

答え　35 まい

ひっ算
$$\begin{array}{r}4\ 8\\-1\ 3\\\hline 3\ 5\end{array}$$

きほんのワーク

きほん**1**

```
  3 5          3 5          3 5
- 1 8    →   - 1 8    →   - 1 8
               [7]         [1][7]
```
① くらいを たてに　② 一のくらいの 計算　③ 十のくらいの 計算
そろえて 書く。　　　　　　　　　　　１くり下げたので

15−8=[7]　2−1=[1]

35−18=[17]

1

①
```
  6 3
- 3 5
  2 8
```
②
```
  7 4
- 1 9
  5 5
```
③
```
  9 5
- 5 7
  3 8
```
④
```
  6 2
- 2 8
  3 4
```

⑤
```
  8 0
- 5 9
  2 1
```
⑥
```
  7 0
- 4 6
  2 4
```
⑦
```
  5 0
- 2 3
  2 7
```
⑧
```
  9 0
- 4 7
  4 3
```

きほん**2**

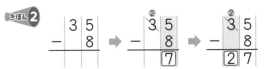

```
  3 5          3 5          3 5
-   8    →   -   8    →   -   8
               [7]         [2][7]
```
① くらいを たてに　② 一のくらいの 計算　③ 十のくらいの 計算
そろえて 書く。　　　　　　　　　　　１くり下げたので ②。

15−8=[7]

35−8=[27]

2

①
```
  3 4
- 2 8
    6
```
②
```
  6 5
- 5 6
    9
```
③
```
  5 0
- 4 4
    6
```
④
```
  8 0
- 7 1
    9
```

⑤
```
  6 0
-   5
  5 5
```
⑥
```
  7 0
-   8
  6 2
```
⑦
```
  5 2
-   5
  4 7
```
⑧
```
  4 3
-   4
  3 9
```

3 [しき] 50−32=18

ひっ算
```
  5 0
- 3 2
  1 8
```

答え 18円

きほんのワーク

きほん**1**

```
  5 2          3 5
- 1 7    ✕    + 1 7
  3 5          5 2
```
[ひく数]、[ひかれる数]

1

49−27		54+4
84−30		5+63
58−4		5+58
63−58		54+30
68−63		22+27

2

①
```
  8 3          たしかめ
- 6 5            1 8
  1 8          + 6 5
                 8 3
```
②
```
  4 2          たしかめ
-   8            3 4
  3 4          +   8
                 4 2
```

2① ひき算の確かめの計算をたし算の確かめのときと混同し、65−83と書いたり、65+83と計算する場合が見受けられます。たし算の「確かめ」は、「たされる数」と「たす数」を入れかえる、ひき算の「確かめ」は、「答え＋ひく数＝ひかれる数」で行うことを、ここで再度確認しておきましょう。

まとめのテスト

1

①
```
  7 7    たしかめ
- 6 6       1 1
  1 1    + 6 6
            7 7
```
②
```
  4 1    たしかめ
- 1 6       2 5
  2 5    + 1 6
            4 1
```

③
```
  7 0
- 3 1
  3 9
```
④
```
  5 4
- 4 9
    5
```
⑤
```
  8 0
-   4
  7 6
```
⑥
```
  2 6
-   8
  1 8
```

2

①
```
  8 0
- 3 2
  4 8
```
②
```
  5 3
- 4 8
    5
```
③
```
  3 7
-   2
  3 5
```
④
```
  5 0
-   7
  4 3
```

3 [しき] 43−15=28

ひっ算
```
  4 3
- 1 5
  2 8
```

答え 28ページ

たしかめ以外の筆算に方眼がないので、位をそろえて書くことが難しく感じられるかもしれません。テストなどでは方眼のないものも多いので、慣れておきましょう。

🌱 たしかめよう！

ひっ算は くらいを そろえて 書き、くらいごとに 計算します。ひき算の 答えは たし算で たしかめの 計算が できます。

4 長さを しらべよう

きほんのワーク

きほん**1** [1]センチメートル、[6]つ分、[3]cm

1 ⑦8cm ⑦2cm

2 ⑦

きほん**2** [1]ミリメートル 1cm=[10]mm
ア[7]mm イ[7]cm [3]mm
ウ[1][1]cm [5]mm

3 [9]cm [7]mm、[97]mm

4 しょうりゃく

18ページ きほんのワーク

きほん1 ❶ ⑦cm

❷ ③cm⑤mm＋⑤cm＝⑧cm⑤mm

❶ しき ⑧cm⑤mm−⑦cm＝①cm⑤mm

答え ⑦、①cm⑤mm

❷ ❶ ⑩cm⑤mm ❷ ⑥cm④mm

❸ ⑰cm⑧mm ❹ ⑥cm③mm

てびき これまで学習したたし算・ひき算は「個数・枚数・人数」などについてでしたが、ここで新しく「長さ」のたし算・ひき算が登場します。同じ単位の数どうしで計算しましょう。

19ページ まとめのテスト

1 ア 1cm5mm イ 4cm9mm
ウ 9cm8mm エ 11cm1mm

2 ❶ ⑦つ分 ❷ ⑤⓪mm ❸ ⑥cm⑤mm
❹ ⑥⑤mm

3 ❶ mm ❷ cm

4 ❶ 5cm、4cm6mm、3cm9mm
❷ 8cm1mm、75mm、6cm

てびき **3** 単位を答える問題では、これまでに学習した長さの単位をあてはめて考えてみましょう。❶ノートの厚さは4cmだと厚すぎます。❷クレヨンの長さは7mmだと短すぎます。

5 数の しくみを しらべよう

20・21ページ きほんのワーク

きほん1 ① ③、三百二十四 ② ③②④

❶ 263本

❷ ❶ 百四十七 ❷ 三百八十二 ❸ 七百五十九

❸ ❶ 824 ❷ 478

きほん2 百のくらい…⑥ 十のくらい…⓪
一のくらい…③ 答え ⑥⓪③まい

---

❹ 380こ

❺ ❶ 二百一 ❷ 四百五十 ❸ 五百

❻ ❶ 320 ❷ 816 ❸ 402

❼ ❶ ⑤③⓪ ❷ ⑤、⑨

22・23ページ きほんのワーク

きほん1

10が 17こ ⟨ 10が ⑩こ→100 10が 7こ→70 ⟩ ①⑦⓪

❶ ❶ 320 ❷ 400

❷ 290 ⟨ 200→10の ②⓪こ分 90→10の ⑨こ分 ⟩ 10の ②⑨こ分

❸ 83こ

きほん2

0　100　200　300　400　500　600　700　800　900　1000

⑧⓪ ②⑨⓪ ⑤②⓪

大きい

❹ ❶
650　660　⑥⑦⓪　680　690　⑦⓪⓪　710　720　730　⑦④⓪

❷
690　⑥⑨①　692　693　694　⑥⑨⑤　696　697　698　699　⑦⓪⓪

❺ ❶ 254 < 425 ❷ 561 > 516
❸ 99 < 101 ❹ 804 < 808

❻ ❶ 9 ❷ 0

24・25ページ きほんのワーク

きほん1 ① ③こ、⑧こ、③8こ、②0
　　② 1000 ③ 100 こ
❶ ① ④こ ② 40 ③ 60 ④ 74 こ
❷ ① 800 ② 1000

きほん2 ① 50+70= 120 　② 130-40= 90
❸ しき 90+40=130 　　　答え 130円
❹ しき 120-70=50 　　　答え 50円
❺ ① 110 ② 150 ③ 140 ④ 170
　⑤ 90 ⑥ 70 ⑦ 60 ⑧ 90

26ページ れんしゅうのワーク

❶ ① 236 ② 402
❷ ① 530円 ② 78こ
❸ ① 800まい ② 2たば
❹ ①
240 250 260 270 280 290 300 310 320
　②
290 291 292 293 294 295 296 297 298 299 300
❺ しき 120-90=30 　　　答え 30人

てびき ❹ 1目盛りがいくつを表しているかを考えます。①は、260の次が270なので、1目盛りは10だとわかります。②は、294の次が295なので、1目盛りは1を表します。

27ページ まとめのテスト

1 ① 468 ② 281 ③ 705
2 ① 920 ② 50 ③ 100
3 ① 275 < 357 ② 487 > 478
　③ 106 < 160
4 ①
0 100 200 300 400 500 600
ア 10 イ 160 ウ 490
　②
970 980 990 1000
エ 975 オ 985 カ 998
5 7、8、9

6 水の かさを しらべよう

28・29ページ きほんのワーク

きほん1 ・デシリットル、dL ・7つ分、7dL
❶ ① 3dL ② 8dL
❷ 5はい分、5dL

きほん2 ・リットル、L、10dL ・2つ分、2L
❸ ① 2L 3dL、23dL
　② 1L 5dL、15dL
❹ ① 17dL > 15dL
　② 4L2dL < 5L
　③ 3L > 23dL
　④ 36dL < 6L3dL

30・31ページ きほんのワーク

きほん1 ・ミリリットル、mL
　　・1000mL ・100mL

❶ 1ぱい分
❷ 1ぱい分
❸ ① 1L > 900mL ② 3dL < 400mL

きほん2 ① 1L 4dL+ 2dL= 1L 6dL
　　　　答え 1L 6dL
　② 1L 4dL- 2dL= 1L 2dL
　　　　答え 1L 2dL
❹ ① 4L5dL ② 1L1dL
　③ 11L5dL ④ 1L2dL
❺ ① しき 2L3dL+2L=4L3dL
　　　　答え 4(L)3(dL)
　② しき 2L3dL-2L=3dL
　　　　答え オレンジジュース、3dL

32ページ れんしゅうのワーク

❶ ① 5dL ② 1L5dL ③ 2L5dL ④ 2L
　⑤ 1L ⑥ 5dL

てびき ❶ ⑥こうきさんのジュースのかさは1L=10dLなので、あおいさんのジュースとの違いは、10dL-5dL=5dLです。

33ページ まとめのテスト

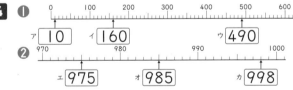

1 ① mL ② L ③ mL
2 ① 1L4dL ② 2L6dL
3 ① 1L= 10 dL ② 1L= 1000 mL
4 ① 29dL、2L8dL、2L
　② 7dL、400mL、55mL
5 ① しき 1L5dL+4dL=1L9dL 答え 1L9dL
　② しき 1L5dL-4dL=1L1dL 答え 1L1dL

34・35ページ きほんのワーク

きほん① ① ③時　② ③時⑩分　③ ⑩分
④ ⑥⓪分、１時間、１時間=⑥⓪分
⑤ ⑤⓪分

① ① 10分　② 30分　③ 10分　④ 20分
② ① 時こく　② 時間　③ 時こく　④ 時間
③ ① １時間10分=⑦⓪分
② １時間30分=⑨⓪分
③ 80分=①時間②⓪分
④ 100分=①時間④⓪分

36・37ページ きほんのワーク

きほん① ① 午前６時30分　② 午後４時20分
③ ⑫時間、⑫時間、㉔時間
① ① 午前７時　② 午後８時50分

きほん② ① 午前⑩時　② 午後３時
③ ②時間　④ ③時間　⑤ ⑤時間
② ３時間
③ ８時間

> **てびき** 午前から午後にまたがる時間を求めるときに、つまずくケースが多く見受けられます。例えば、③では、はじめのうちは、午前８時から正午までで４時間、正午から午後４時までで４時間、合わせて８時間というように、正午で区切って考えるとよいでしょう。

38ページ きほんのワーク

きほん① ① ⑤⓪、午前⑪時⑤⓪分
② ③、④、午後④時
① ① 午後３時55分　② 午後３時10分
② ① 午前11時　② 午前６時

39ページ まとめのテスト

１ ① 午前５時30分、午前５時45分、
午前５時５分
② 午後６時、午後10時、午後１時
２ ① １時間=⑥⓪分　② １日=㉔時間
３ ① 午前７時50分　② 午後９時20分
４ ６時間

40・41ページ きほんのワーク

きほん①
```
  73        73        73
+ 54  ➡  + 54  ➡  + 54
            7       127
```
①くらいを たてに　②一のくらいの 計算　③十のくらいの 計算
そろえて 書く。

$3+4=⑦$　$7+5=⑫$
$73+54=⑫⑦$

① ①
```
  41
+ 76
 117
```
②
```
  56
+ 93
 149
```
③
```
  70
+ 54
 124
```
④
```
  53
+ 52
 105
```

② ①
```
  36
+ 92
 128
```
②
```
  73
+ 85
 158
```
③
```
  43
+ 64
 107
```
④
```
  20
+ 89
 109
```

きほん②
```
  89        89        89
+ 63  ➡  + 63  ➡  + 63
            2       152
```
①くらいを たてに　②一のくらいの 計算　③十のくらいの 計算
そろえて 書く。

$9+3=⑫$　$①+8+6=⑮$
$89+63=⑮②$

③ ①
```
  85
+ 46
 131
```
②
```
  89
+ 84
 173
```
③
```
  79
+ 61
 140
```
④
```
  96
+ 84
 180
```

④ ①
```
  68
+ 75
 143
```
②
```
  69
+ 63
 132
```
③
```
  82
+ 38
 120
```
④
```
  53
+ 77
 130
```

⑤ しき 85+58=143

答え 143 円
```
ひっ算
  85
+ 58
 143
```

42・43ページ きほんのワーク

きほん①
```
  59        59        59
+ 42  ➡  + 42  ➡  + 42
            1       101
```
① くらいを たてに　② 一のくらいの 計算　③ 十のくらいの 計算
そろえて 書く。

$9+2=⑪$　$①+5+4=⑩$
$59+42=⑩①$

① ①
```
  46
+ 57
 103
```
②
```
  28
+ 72
 100
```
③
```
  93
+  9
 102
```
④
```
   7
+ 93
 100
```

② ①
```
  64
+ 37
 101
```
②
```
  57
+ 43
 100
```
③
```
   8
+ 96
 104
```
④
```
  95
+  5
 100
```

① （15＋50）＋20＝ 65 ＋20＝ 85

② 15＋（50＋20）＝15＋ 70 ＝ 85

答え 85 円

❸ ❶ 17＋（12＋28）＝17＋40＝57

② 19＋（23＋47）＝19＋70＝89

③ 68＋（45＋5）＝68＋50＝118

④ 46＋57＋13＝46＋（57＋13）＝116

⑤ 62＋24＋16＝62＋（24＋16）＝102

⑥ 47＋39＋1＝47＋（39＋1）＝87

44・45ページ きほんのワーク

① 一のくらいの 計算

4－2＝ 2

② 十のくらいの 計算
13から 5なら ひけるので、
百のくらいの 1を くり下げる。

● 3－5＝ 8

134－52＝ 82

❶ ❶
```
  1 4 8
-   6 5
    8 3
```
②
```
  1 2 6
-   7 3
    5 3
```
③
```
  1 1 7
-   8 0
    3 7
```

❷ ❶
```
  1 5 6
-   7 6
    8 0
```
②
```
  1 0 3
-   9 1
    1 2
```
③
```
  1 0 5
-   6 5
    4 0
```

きほん2
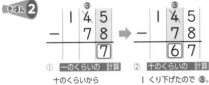

① 一のくらいの 計算
十のくらいから
1 くり下げて

● 5－8＝ 7

② 十のくらいの 計算
1 くり下げたので 3。
百のくらいの 1 を
くり下げて

● 3－7＝ 6

145－78＝ 67

❸ ❶
```
  1 3 4
-   5 5
    7 9
```
②
```
  1 6 1
-   9 7
    6 4
```
③
```
  1 2 3
-   2 7
    9 6
```

❹ ❶
```
  1 3 0
-   4 6
    8 4
```
②
```
  1 8 0
-   9 1
    8 9
```
③
```
  1 4 0
-   6 8
    7 2
```

❺ しき 125－58＝67

答え 67 まい

ひっ算
```
  1 2 5
-   5 8
    6 7
```

てびき くり下がりが 2回続く問題は、間違いが
多くなります。1つ上の位からくり下げるとき、
くり下げた数を上に小さく書いておくと間違い
が減ります。

46・47ページ きほんのワーク

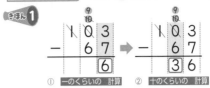

① 一のくらいの 計算
百のくらいから
じゅんに くり下げて

13－7＝ 6

② 十のくらいの 計算
1 くり下げたので 9。

9－6＝ 3

103－67＝ 36

❶ ❶
```
  1 0 5
-   3 7
    6 8
```
②
```
  1 0 4
-     5
    9 9
```
③
```
  1 0 0
-   1 7
    8 3
```

❷ ❶
```
  1 0 2
-   7 5
    2 7
```
②
```
  1 0 6
-     9
    9 7
```
③
```
  1 0 0
-   8 6
    1 4
```

きほん2
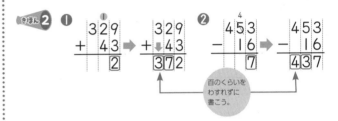

① 一のくらいの 計算

9＋3＝ 12

② 十のくらいの 計算

● ＋2＋4＝ 7

百のくらいは 3

① 一のくらいの 計算

● 3－6＝ 7

② 十のくらいの 計算

4－1＝ 3

百のくらいは 4

百のくらいを
わすれずに
書こう。

❸ ❶
```
  2 1 7
+   7 6
  2 9 3
```
②
```
    6 8
+ 4 0 3
  4 7 1
```
③
```
      2
+ 3 0 8
  3 1 0
```

④
```
  6 4 3
-   3 9
  6 0 4
```
⑤
```
  8 4 2
-   2 6
  8 1 6
```
⑥
```
  5 1 3
-     8
  5 0 5
```

❹ しき 482－56＝426

ひっ算
```
  4 8 2
-   5 6
  4 2 6
```

答え 426 まい

48ページ れんしゅうのワーク

❶ ❶
```
    6 7
+   9 2
  1 5 9
```
②
```
    7 4
+   8 7
  1 6 1
```
③
```
    3 9
+   6 2
  1 0 1
```

④
```
      8
+   9 8
  1 0 6
```
⑤
```
  1 2 8
-   3 4
    9 4
```
⑥
```
  1 3 0
-   4 1
    8 9
```

❼
```
  1 0 4
-     7
    9 7
```
❽
```
  9 7 6
+     8
  9 8 4
```
❾
```
  7 9 8
-   4 9
  7 4 9
```

② [しき] 84＋67＝151

[ひっ算]
```
  8 4
＋6 7
1 5 1
```

答え 151回

③ [しき] 756－27＝729

[ひっ算]
```
7 5 6
－  2 7
7 2 9
```

答え 729さつ

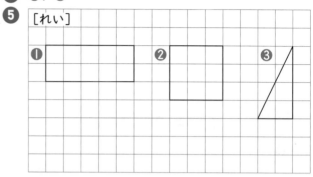

❶ ⑦、⑤

❷ ⑦、⑤

❸ ⑦、⑤

きほん② ・[直角三角形]　直角三角形…⑨、⑤

❹ ④、⑤

❺
[れい]

① ② ③

49ページ まとめのテスト

❶ ①
```
  7 8
＋9 6
1 7 4
```
②
```
  4 9
＋6 3
1 1 2
```
③
```
1 2 2
－  7 7
    4 5
```
④
```
1 0 5
－  7 8
    2 7
```

❷ ❶ 45＋(67＋23)＝45＋90＝135
　　❷ 59＋(22＋18)＝59＋40＝99

❸ ❶
```
3 0 8
＋  7 4
3 8 2
```
❷
```
4 6 3
－  2 5
4 3 8
```

❹ [しき] 95＋57＝152　　　答え 152円

❺ [しき] 124－79＝45　　　答え 45ページ

---

⑨ 形を しらべよう

50・51ページ きほんのワーク

きほん① ・[3]本、[三角形]　・[4]本、[四角形]
　　⑦…[三角形]　④…[四角形]

❶ 三角形…⑦、④、⑤
　　四角形…④、⑦、④

きほん② ・[へん]、[ちょう点]
　　・[3]つ、[3]つ
　　・[4]つ、[4]つ

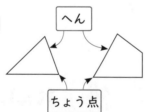

❷ [れい]

❸ 四角形と いえます。
　　4本の 直線で かこまれて いるからです。

52・53ページ きほんのワーク

きほん① ・[長方形]　・[正方形]
　　⑦…[長方形]　④…[正方形]

54ページ れんしゅうのワーク

❶ ❶

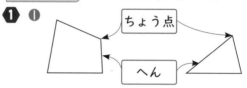

ちょう点　へん

❷ [3]つ、[3]つ
❸ [4]つ、[4]つ

❷ 三角形と いえます。
　　3本の 直線で かこまれて いるからです。

❸ ❶

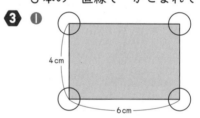

4cm　6cm

❷ 20cm

❹ ❶

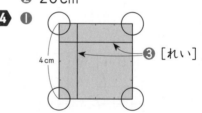

4cm　❸ [れい]

❷ 16cm

55ページ まとめのテスト

❶ ❶ 長方形　❷ 直角三角形　❸ 正方形

❷ 正方形…⑨、⑦　直角三角形…⑦、⑦

❸
[れい]

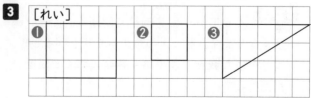

① ② ③

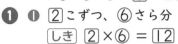

56・57 ページ きほんのワーク

きほん1
・5こずつ、4さら分
・5×4 = 20
・5+5+5+5 = 20

❶ ❶ 2こずつ、6さら分
   しき 2×6 = 12
   ❷ しき 3×5 = 15

❷ ❶ 7×3
   ❷ 7×3 → 7+7+7 = 21　答え　21まい

❸ ❶ 4×3 = 12　❷ 3×6 = 18
   ❸ 5×4 = 20　❹ 2×7 = 14
   ❺ 6×5 = 30

❹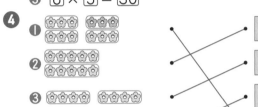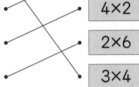

❶	5×2
❷	4×2
❸	2×6
❹	3×4

てびき かけ算の式を書くときは、「1つ分の数」と「いくつ分」が何なのかを意識しましょう。
全部の数を求めるかけ算の式は、
(1つ分)×(いくつ分)です。

58・59 ページ きほんのワーク

きほん1　2×5 = 10、2ずつ

❶ ❶ 8　❷ 6　❸ 18
   ❹ 16　❺ 2　❻ 10
   ❼ 4　❽ 14　❾ 12

❷ しき 2×9 = 18　　答え　18こ
❸ しき 2×7 = 14　　答え　14まい

きほん2　5×4 = 20、5ずつ

❹ ❶ 20　❷ 25　❸ 5　❹ 45　❺ 10
   ❻ 35　❼ 15　❽ 40　❾ 30

❺ しき 5×3 = 15　　答え　15こ
❻ しき 5×6 = 30　　答え　30こ
❼ しき 5×8 = 40　　答え　40こ

てびき 2の段の九九は2とび、5の段の九九は5とびで、お子さんにとってはなじみの深いものではないでしょうか。
「二、四、六、八、…」「五、十、十五、二十、…」と唱えることもできます。

60・61 ページ きほんのワーク

きほん1　3×5 = 15
3を かけられる数、5を かける数

❶ ❶ 24　❷ 3　❸ 18　❹ 6　❺ 12
   ❻ 27　❼ 21　❽ 9　❾ 15

❷ ❶ しき 3×6 = 18　　　　答え　18本
   ❷ しき 3×7 = 21
   または、18+3 = 21　答え　21本

きほん2　4×3 = 12、4 ふえます。

❸ ❶ 12　❷ 20　❸ 32　❹ 24　❺ 8
   ❻ 36　❼ 16　❽ 28　❾ 4

❹ しき 4×5 = 20　　　　答え　20こ
❺ しき 4×3 = 12　　　　答え　12こ
❻ ❶ 6　❷ 9

62 ページ きほんのワーク

きほん1
㋐ 2×2 = 4(cm)　㋑ 2×3 = 6(cm)
・2つ分、3つ分の ことを 2ばい、
3ばい と いいます。

❶ 5×3 = 15(cm)、5×4 = 20(cm)
❷ しき 4×8 = 32　　　答え　32まい

63 ページ まとめのテスト

1 ❶ 2を かけられる 数、3を かける 数
  ❷ 3 ふえます。

2 ❶ 24　❷ 24　❸ 12　❹ 10　❺ 8
  ❻ 3　❼ 32　❽ 45　❾ 28

3 ❶ しき 5×4 = 20　　　答え　20(本)
  ❷ しき 4×3 = 12　　　答え　12(本)

4

2×9	5×3	4×4	4×5

2×8	3×6	5×4	3×5

5 しき 3×7 = 21　　　答え　21dL

⑪ かけ算九九を つくろう

64・65 ページ きほんのワーク

きほん1　6 ふえる、6×4 = 24
6×1 = 6、6×2 = 12、6×3 = 18
6×4 = 24、6×5 = 30、6×6 = 36
6×7 = 42、6×8 = 48、6×9 = 54

① [しき] 6×8=48　　　　　　答え　48cm
② [しき] 6×7=42　　　　　　答え　42本

きほん2　[7]　ふえる、7×4=[28]
　　　7×1=[7]、7×2=[14]、7×3=[21]
　　　7×4=[28]、7×5=[35]、7×6=[42]
　　　7×7=[49]、7×8=[56]、7×9=[63]
③ [しき] 7×3=21　　　　　　答え　21日
④ 4×[7]の　答えは　[同じ]です。
⑤ [しき] 7×9=63　　　　　　答え　63人
⑥ [しき] 7×6=42　　　　　　答え　42まい

きほん1　8×1=[8]、8×2=[16]、8×3=[24]
　　　8×4=[32]、8×5=[40]、8×6=[48]
　　　8×7=[56]、8×8=[64]、8×9=[72]
　　　9×1=[9]、9×2=[18]、9×3=[27]
　　　9×4=[36]、9×5=[45]、9×6=[54]
　　　9×7=[63]、9×8=[72]、9×9=[81]
① [しき] 8×5=40　　　　　　答え　40cm
② ❶ [8]こずつ、[9]はこ　あります。
　　❷ [8]はこ　あります。
　　　1はこに　おかしを　[9]こずつ
きほん2　❶ [しき] 2×4=[8]
　　　❷ [しき] [1]×4=[4]
　　　1×1=[1]、1×2=[2]、1×3=[3]
　　　1×4=[4]、1×5=[5]、1×6=[6]
　　　1×7=[7]、1×8=[8]、1×9=[9]
③ ❶ [しき] 3×5=15　　　　答え　15こ
　　❷ [しき] 2×5=10　　　　答え　10こ
　　❸ [しき] 1×5=5　　　　　答え　5こ
④ [しき] 1×6=6　　　　　　答え　6さつ

❶ 8×1=[8]、8×2=[16]、8×3=[24]、……
　答えが　[8]ずつ　ふえて　いきます。
❷
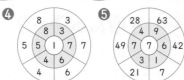
❸ ゆうと…[7]×[5]　　あやの…[7]×[5]

---

1 ❶ 42　❷ 48　❸ 56　❹ 4　❺ 54
　　❻ 81　❼ 21　❽ 36　❾ 40
2 ❶ [6]　ふえます。　❷ 9×[7]
3 [しき] 7×5=35　　　　　　答え　35円
4 ❶ [しき] 6×8=48　答え　48本　❷ 6本
5 [しき] おかし　3×8=24
　　　ジュース　1×8=8
　　　　　　答え　おかし　24こ、ジュース　8本

12 長い　ものの　長さを　しらべよう

きほん1　❶ ものさし　[3]つ分、[110]cm
　　　❷ [1]m[10]cm
① ❶ 1m28cm　　　❷ 128cm
② ❶ 300cm=[3]m　　❷ 9m=[900]cm
　　❸ 4m50cm=[450]cm
　　❹ 409cm=[4]m[9]cm
③ [6]m、[600]cm
きほん2　❶ [しき] [70]cm+[50]cm=[120]cm
　　　　　　　　　　　　答え　[120]cm
　　　❷ [1]m[20]cm
④ [しき] [1]m[20]cm−[80]cm=[40]cm
　　　　　　　　　　　　答え　[40]cm
⑤ ❶ 1m30cm（130cm）
　　❷ 1m20cm（120cm）
　　❸ 80cm　　　　❹ 50cm
　　❺ 1m90cm　　　❻ 1m75cm

❶ ❶ m　　❷ cm　　❸ mm
❷ ❶ 100cm=[1]m　❷ 3m7cm=[307]cm
❸ ❶ はるま：1m90cm　　さくら：1m60cm
　　　ゆい：1m95cm
　　❷ ゆい→はるま→だいき→さくら

1 ㋐[3]cm　㋑[40]cm　㋒[87]cm
2 ❶ [3]m、[8]m　❷ [2]m[50]cm、[250]cm
　　❸ [1]m[6]cm、[160]cm
　　❹ [1]m[85]cm、[105]cm
3 ❶ 1m50cm（150cm）　　❷ 40cm

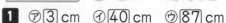

10

4 ❶ mm ❷ cm ❸ m

てびき ❹ 長さの単位をたずねる問題です。長さの単位を理解できているか、確かな量感を持っているかどうかを確かめます。

⑬ 大きな 数の しくみを しらべよう

74・75ページ きほんのワーク

きほん❶

百のくらい…4 十のくらい…3 一のくらい…5
二千四百三十五は、2435 と 書きます。
千のくらいの 数字は 2、百のくらいの
数字は 4、十のくらいの 数字は 3、
一のくらいの 数字は 5です。

❶ ❶ 千のくらい…3 百のくらい…6
　　十のくらい…0 一のくらい…7 　　3607
　❷ 千のくらい…7 百のくらい…0
　　十のくらい…4 一のくらい…8 　　7048

きほん❷ ❶ 3201
　❷ 1000を 6こ、10を 3こ、1を 5こ

❷ 2430（まい）

❸ ❶ 千九百六十一 ❷ 三千九十四 ❸ 七千三

❹ ❶ 1429 ❷ 8000 ❸ 6005

❺ ❶ 7246 ❷ 1000を 3こ、10を 6こ
　❸ 4589 ❹ 2038

76・77ページ きほんのワーク

きほん❶

100が 17こ ＜ 100が 10こ→1000
　　　　　　　 100が 7こ→700 ＞ 1700

100を 17こ あつめた 数は 1700 です。

❶ 10が 170こ ＜ 10が 100こ→1000
　　　　　　　　 10が 70こ→700 ＞ 1700

❷ ❶ 2800 ❷ 6000 ❸ 1900 ❹ 7000

きほん❷

2600 ＜ 2000→100の 20こ分
　　　　 600→100の 6こ分 ＞ 100の 26こ分

2600は 100を 26こ あつめた 数です。

❸ 2600 ＜ 2000→10の 200こ分
　　　　　 600→10の 60こ分 ＞ 10の 260こ分

❹ ❶ 79 ❷ 13 ❸ 40 ❹ 63

78・79ページ きほんのワーク

きほん❶ ❶ 100
　❷ アは 600 、イは 1500 、
　　ウは 2800 、エは 4400

❶ ❶ 1400 　　　 3000
　　0　　1000　　2000　　　　4000

　❷ 2970 　　　 3000
　　2950　2960　　2980　2990　3010

❷ ❶ 5749 ▷ 5694 ❷ 7945 ◁ 7954

❸ ❶ 37 ❷ 300

きほん❷ ❶ 10000 ❷ 9999 ❸ 1000

❹ ❶ 10 ❷ 100 ❸ 10000
　❹ 10000 ❺ 9997

80ページ きほんのワーク

きほん❶ ❶ 7+6＝13、700＋600＝1300
　❷ 8−3＝5、800−300＝500

❶ ❶ 700 ❷ 1200 ❸ 1000 ❹ 400
　❺ 100 ❻ 300

81ページ まとめのテスト

1 ❶ 3827 ❷ 7040 ❸ 8900 ❹ 3010

2 ❶ 9754 ❷ 3082 ❸ 4008

3 ❶ 8800 　　 9100 　　 9400
　　8700　　8900　9000　　9200　9300

　❷
　9400 9500 　　 9800 　　 10000
　　　　　　9600　9700　　9900

4 ❶ 7062 ◁ 7621 ❷ 5810 ▷ 5801
　❸ 4999 ◁ 5001 ❹ 832 ◁ 8320

5 ❶ 1400 ❷ 600

⑭ 図に あらわして 考えよう

82・83ページ きほんのワーク

きほん❶
❶
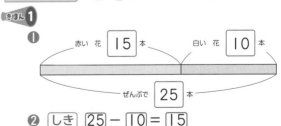
赤い 花 15 本　　白い 花 10 本
ぜんぶで 25 本

❷ しき 25 − 10 ＝ 15

❶ ❶ ⑦ ❷ ⑦

11

きほん2 ①

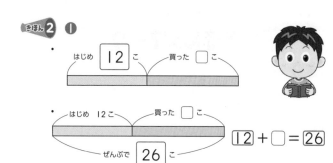

② しき 26－12＝14　　答え 14こ

② ①

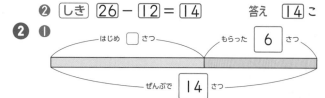

② しき 14－6＝8　　答え 8さつ

きほん1 ①

② しき 32－26＝6　　答え 6こ

①

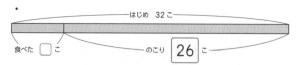

しき 30－19＝11

答え 11L

きほん2 ①

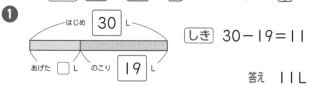

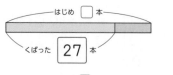

□－27＝9

② しき 27＋9＝36　　答え 36本

② ①

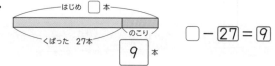

② しき 15＋7＝22　　答え 22m

❶ しき 19－7＝12　　答え 12台
❷ しき 8＋12＝20　　答え 20台
❸ しき 30－9＝21　　答え 21こ
❹ しき 30－14＝16　　答え 16こ

てびき　問題文を読んだら、まず、「わかっていること」と「聞かれていること」を明確にするようにしましょう。

❶ ①

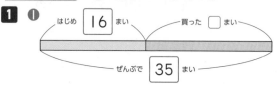

② しき 35－16＝19　　答え 19まい

❷ ①

② しき 43－15＝28　　答え 28こ

たしかめよう！

もんだいと かいた 図が あって いるか かならず たしかめましょう。

15 かけ算の きまりを まとめよう

きほん1

① かけられる数　② かける数

❶ ❶ 4×7＝4×6＋4　❷ 8×5＝8×4＋8
❸ 6×9＝9×6　❹ 7×3＝3×7

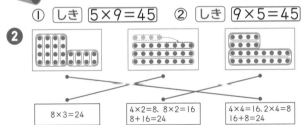

	かける数								
	1	**2**	**3**	**4**	**5**	**6**	**7**	**8**	**9**
1	1	2	3	4	5	6	7	8	9
2	2	4	6	8	10	12	14	16	18
3	3	6	9	12	15	18	21	24	27
4	4	8	12	16	20	24	28	32	36
5	5	10	15	20	25	30	35	40	45
6	6	12	18	24	30	36	42	48	54
7	7	14	21	28	35	42	49	56	63
8	8	16	24	32	40	48	56	64	72
9	9	18	27	36	45	54	63	72	81

（かけられる数）

❸（ひょうの △ 4つ）
❶
❷

② ❶ 1×8、2×4、4×2、8×1
　 ❷ 3×5、5×3
　 ❸ 2×9、3×6、6×3、9×2
　 ❹ 3×8、4×6、6×4、8×3
　 ❺ 4×9、6×6、9×4
　 ❻ 7×8、8×7
③ ❶ 7のだん　❷ 4のだん

90・91ページ きほんのワーク

きほん1
　① ③×⑬　② 3×9=㉗、3×10=㉚、
3×11=㉛、3×12=㊱、3×13=㊴
　しき 3×13=㊴　　　　答え ㊴ こ
❶ ❶ 13+13+13=㊴　❷ 13×3=㊴
　 ❸ 3×13=㊴

きほん2
　① しき ⑤×⑨=45　② しき ⑨×⑤=45
❷

| 8×3=24 | 4×2=8、8×2=16 8+16=24 | 4×4=16、2×4=8 16+8=24 |

❸ ❶ しき ［れい］5×4=20
　　　　　　　答え　20 こ

　 ❷ しき ［れい］4×2=8
　　　　　　2×3=6
　　　　　　8+6=14
　　　　　　答え　14 こ

92ページ れんしゅうのワーク

❶ ❶ 6　❷ 9のだん
　 ❸ ㋐3×11　㋑11×3　❹ ㋒48　㋓48
　 ❺ ㋔108　㋕108

93ページ まとめのテスト

❶ ❶ かけられる数
　 ❷ かける数 を 入れかえて 計算しても 答え
は 同じ に なります。
　 ❸ 8のだん　❹ 7×8=8×7
　 ❺ 2×6=2×5+ 2
❷ 1×9 →3×3、9×1　　
❸ しき 2×12=24　　　　　答え　24 さつ
❹ しき ［れい］4×8=32
　　　　　　　答え　32 こ

16 分けた 大きさの あらわし方を 考えよう

94ページ きほんのワーク

きほん1　二分の一、1/2
❶ ❶ 1/2　❷ 1/4　❸ 1/8
❷ ❶ 1/2　❷ 1/3　❸ 1/4

95ページ まとめのテスト

❶ ❶ 1/2　❷ 1/4　❸ 1/8
❷ ❶ 1/4　❷ 1/3
❸ ❶ 12 こ　❷ 3 こ
❹ 1/2…㋒　　1/3…㋓
❺ 8つ分

17 はこの 形を しらべよう

96・97ページ きほんのワーク

きほん1　❶ 長方形　❷ 6(つ)　❸ 2(つずつ)
❶ ❶ 正方形　❷ 6つ
❷ ［れい］

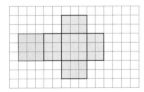

❶ ❶ 7cm…4本、10cm…4本、12cm…4本
❷ 8こ　へんが 12、ちょう点が 8つ
❸ ❶ 6cm、12本　❷ 8こ
❹ ❶ 4つ　❷ 8つ

98ページ れんしゅうのワーク

❶

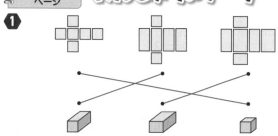

❷ ❶ ⑦を 2まい、⑦を 2まい、
　　⑦を 2まい。
　　4cmの へん 4つ、5cmの へん 4つ、
　　6cmの へん 4つ。
　❷ ⑤を 2まい、⑦を 4まい。
　　4cmの へん 4つ、6cmの へん 8つ。

99ページ まとめのテスト

1

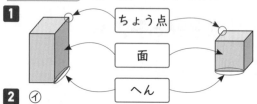

ちょう点　面　へん

2 ⑦
3 ❶ 8こ
　❷ 6cm…4本、7cm…4本、10cm…4本
　❸ 面が 6つ、ぴったり かさなる 面が 2
　つずつ、へんが 12、ちょう点が 8つ

● 2年の ふくしゅう

100ページ まとめのテスト❶

1 ❶ 6032　❷ 380　❸ 7200　❹ 9000
2 ❶ 5、7　❷ 57　❸ 70　❹ 30
3 ❶ 64　　　❷ 118　　　❸ 104
　❹ 151　　❺ 293　　❻ 1400
　❼ 34　　　❽ 75　　　❾ 83
　❿ 94　　　⓫ 709　　⓬ 400

101ページ まとめのテスト❷

1 ア…2500、イ…3900、ウ…6400、エ…9100
2 ❶ しき 47+55=102　　答え 102本

---

❷ しき 55-47=8
　　答え 黄色い チューリップが 8本 多い。
3 ❶ 24　　❷ 24　　❸ 56
　❹ 35　　❺ 18　　❻ 3
4 しき [れい]3×6=18　　　答え 18こ
5 しき 6×7=42　　　答え 42まい

102ページ まとめのテスト❸

1 ❶

ぜんぶで □ ページ
きのう 37 ページ　のこり 27 ページ

　❷ しき 37+27=64　　答え 64 ページ
2 しき 3×4=12
　　　（または、3+3+3+3=12）答え 12m
3 ❶ 8つ　❷ 4つ　❸ 2つ
4 ❶ 4dL　❷ 2L8dL（28dL）

103ページ まとめのテスト❹

1 ❶ cm　❷ m　❸ mm
2 5時間
3 [れい]❶

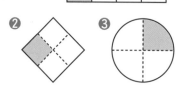

　❷　　　❸

4 ❶ おかしの しゅるいと 数

おかし	ガム	あめ	せんべい	ケーキ	ラムネ
数(こ)	5	4	3	2	1

おかしの しゅるいと 数

　❷ ガム、5こ

● プログラミングに ちょうせん！

104ページ 学びのワーク

1 3　**2** 7　　　**3** [れい]

2 回 くりかえす
100 すすむ

7 回 くりかえす
10 もどる

❶ [れい1]　　[れい2]

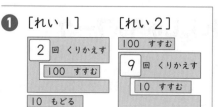

2 回 くりかえす
100 すすむ
10 もどる

100 すすむ
9 回 くりかえす
10 すすむ

実力はんていテスト　答えとてびき……………

夏休みのテスト①

1 くだものの　しゅるいと　数

くだものの　しゅるいと　数

くだもの	いちご	りんご	バナナ	みかん	メロン
数（こ）	4	2	3	5	1

2 ❶ 午前8時55分　❷ 午前8時

3 ア 1cm7mm
　　イ 10cm6mm

4 ❶ 13こ分　❷ 1L　❸ 100mL

5
❶	❷	❸
885	895	900

880　　890　　905　　910

6
❶ 51＋36＝87　❷ 29＋47＝76　❸ 67＋13＝80　❹ 8＋75＝83

❺ 76－43＝33　❻ 52－24＝28　❼ 80－31＝49　❽ 64－57＝7

夏休みのテスト②

1 ❶ ひまわり　❷ 3人

2 ❶ 午前6時45分　❷ 午後2時57分

3 ❶ 14cm7mm　❷ 12cm5mm　❸ 9cm6mm

4 ❶ 1L1dL　❷ 2L7dL

5 ❶ 5、8、1　❷ 600

6 ❶ 23＋40＝63　❷ 53＋29＝82　❸ 18＋62＝80　❹ 47＋8＝55

❺ 89－34＝55　❻ 64－19＝45　❼ 70－26＝44　❽ 91－7＝84

冬休みのテスト①

1 ❶ 9＋27＋3
→9＋(27＋3)→9＋30＝39
❷ 26＋35＋5
→26＋(35＋5)→26＋40＝66
❸ 34＋42＋16→42＋34＋16
→42＋(34＋16)→42＋50＝92

2 ❶ しき 2×3(＝6)　❷ しき 4×5(＝20)
❸ しき 5×7(＝35)

3 ❶ 3つ　❷ 4つ

4
❶ 67＋75＝142　❷ 54＋48＝102

❸ 173－86＝87　❹ 105－46＝59

5 ❶ 14　❷ 45
❸ 32　❹ 54
❺ 32　❻ 30
❼ 21　❽ 27

冬休みのテスト②

1 ❶ 25＋30＋40
→25＋(30＋40)→25＋70＝95
❷ 7＋48＋2
→7＋(48＋2)→7＋50＝57
❸ 39＋8＋21→8＋39＋21
→8＋(39＋21)→8＋60＝68
❹ 14＋35＋26→35＋14＋26
→35＋(14＋26)→35＋40＝75

2 ❶ 3ばい　❷ 15cm

3 ❶ 24　❷ 64　❸ 4
❹ 63　❺ 10　❻ 3

4 正方形…ウ、直角三角形…イ

5
❶ 70＋87＝157　❷ 35＋69＝104

❸ 142－58＝84　❹ 103－6＝97

6 ❶ □m ❷ ③m
❸ □m⑤⓪cm ❹ ⑦⓪cm

学年末のテスト①

1 ❶ 9250 ❷ 4513

2 ❶ 390 ❷ 8000
❸ 900 ❹ 10000

3 ❶ $\frac{1}{2}$ ❷ $\frac{1}{3}$

4 ❶ 1m=⑩⓪cm ❷ 36mm=③cm⑥mm
❸ 5cm7mm=⑤⑦mm
❹ 480cm=④m⑧⓪cm
❺ 1L=⑩⓪⓪mL ❻ 1L=⑩dL

5 ❶ 25 ❷ 48
❸ 28 ❹ 8
❺ 27 ❻ 42
❼ 12 ❽ 12
❾ 18 ❿ 63
⓫ 5 ⓬ 48

> **てびき** **3**❶もとの大きさを同じ大きさに2つ
> に分けた1つ分なので、二分の一です。
> ❷もとの大きさを同じ大きさに3つに分けた1
> つ分なので、三分の一です。

学年末のテスト②

1 ❶ 456 ◁ 465
❷ 700 ◁ 1004
❸ 8m ▷ 80cm
❹ 6cm2mm ＝ 62mm
❺ 230dL ▷ 2L3dL
❻ 700mL ◁ 7L

2 ❶ ⑧④⓪⓪ ❷ ⑨②⓪⓪ ❸ ⑩⓪⓪⓪⓪

8000　　　　9000

3 ❶ 8つ ❷ 4つ
❸ 2つ

4 ❶ mL ❷ m
❸ dL ❹ cm

5 ❶
```
   5 8
+ 7 5
-----
 1 3 3
```
❷
```
 3 2 4
+  5 3
-----
 3 7 7
```
❸
```
     6
+2 3 9
-----
 2 4 5
```
❹
```
 1 4 8
-  6 2
-----
   8 6
```
❺
```
 4 5 8
-  5 6
-----
 4 0 2
```
❻
```
 9 1 3
-    7
-----
 9 0 6
```

> **てびき** **3** 箱の形には、辺が12、頂点が8つ

16

あることを押さえます。面は6つあり、向かい
合った面は、形も大きさも同じである(ぴった
り重なる)ことも確認しましょう。

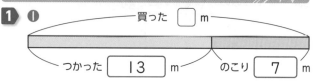 **まるごと** **文章題テスト①**

1 ❶

買った □ m

つかった ⑬ m　のこり ⑦ m

❷ しき 13+7=20　　答え 20m

2 しき 54-47=7
　　　　答え 赤い 色紙が 7まい 多い。

3 しき 50+18=68　　答え 68まい

4 しき 120-26=94　　答え 94こ

5 しき 68+42=110　　答え 110本

6 しき 18+7+3=28　　答え 28人

7 しき 5×6=30　　答え 30さつ

> **てびき** **6** 前から順に 18+7=25、25+3
> =28 と計算してもよいですが、( )を使って
> 18+(7+3)=18+10 とすると、計算がし
> やすくなります。
> **7** 1つ分の数は5、いくつ分が6だから、式は
> 5×6 となります。

 **まるごと** **文章題テスト②**

1 ❶

はじめ ㉔ こ

食べた □ こ　のこり ⑮ こ

❷ しき 24-15=9　　答え 9こ

2 しき 26+67=93　　答え 93人

3 しき 7×5=35　　答え 35人

4 しき 47+75=122　　答え 122まい

5 しき 96-47=49　　答え 49ページ

6 しき 135+48=183　　答え 183円

7 しき 12+6+14=32　　答え 32さつ

> **てびき** **5** 「残りは何ページか?」なので、ペー
> ジ数のひき算をします。
> (全部のページ数)-(読んだページ数)
> =(残りのページ数)になります。
> **7** 「全部で何冊か?」なので、それぞれの冊数を
> 合わせたものになります。
> (小説の冊数)+(図鑑の冊数)+(絵本の冊数)
> =(全部の冊数)になります。